华夏古县　文化兰陵　天下菜园

U0272360

苍山蔬菜栽培技术

◎ 付成高　主编

中国农业科学技术出版社

图书在版编目（CIP）数据

苍山蔬菜栽培技术／付成高主编. —北京：中国农业科学技术
出版社，2021.5
　ISBN 978-7-5116-5175-4

Ⅰ.①苍…　Ⅱ.①付…　Ⅲ.①蔬菜园艺　Ⅳ.①S63

中国版本图书馆 CIP 数据核字（2021）第 023976 号

责任编辑　王惟萍
责任校对　贾海霞
责任印制　姜义伟　王思文

出 版 者　中国农业科学技术出版社
　　　　　北京市中关村南大街 12 号　邮编：100081
电　　话　（010）82106643（编辑室）　　（010）82109702（发行部）
　　　　　（010）82109709（读者服务部）
传　　真　（010）82106643
网　　址　http://www.castp.cn
经 销 者　各地新华书店
印 刷 者　北京地大彩印有限公司
开　　本　710mm×1 000mm　1/16
印　　张　8.5
字　　数　162 千字
版　　次　2021 年 5 月第 1 版　2021 年 5 月第 1 次印刷
定　　价　39.80 元

《苍山蔬菜栽培技术》
编委会

前　言

兰陵县位于山东省南部，与江苏省邳州市相邻，总面积1 724km²，耕地面积161.7万亩（1 亩 ≈ 667m²，15 亩 = 1hm²），147 万人。2020 年全县蔬菜播种面积117 万亩，总产量484 万 t，总产值96.6 亿元。县内形成了比较完善的市场体系，建成了各具特色的蔬菜专业批发市场 48 处，其中年成交亿千克以上市场 12 处；兰陵县自 20 世纪 80 年代发展起来的农民运销队伍现已达 30 万人，蔬菜运输车辆 5 万多台，闯出了"买全国、销天下"的蔬菜经营路子；兰陵县还是全国最早利用恒温技术储存蔬菜的地区之一，现已建成 500 多家蔬菜储藏加工企业，年储藏加工能力 100 万 t。

兰陵县被誉为"山东南菜园"，被评为"中国蔬菜之乡""中国大蒜之乡""中国牛蒡之乡""中国食用菌之乡""全国蔬菜产业十强县"，全国无公害蔬菜生产基地县、国家级出口食品农产品质量安全示范区、国家农业标准化示范区、全国蔬菜产业十强县、中国果菜无公害十强县、中国果菜加工十强县。山东省县域经济十大高效农业聚集园区、山东省农产品质量安全示范县。全县通过"三品一标"认证的蔬菜产品达到 357 个，苍山大蒜、苍山辣椒、苍山牛蒡获地理标志产品保护。全县农民收入的 60% 以上来自蔬菜，蔬菜产业已经成为农民增收的支柱产业。

近年来，兰陵县委县政府高度重视蔬菜产业发展，制定了多项支持蔬菜产业发展的政策，整合全县支农、惠农资源，实施了"四雁工程"，制订农业招商"十三条"。围绕打造长三角中心城市农产品供应基地，严格按照"五品五标"（五品：品牌、品种、品类、品质、品相；五标：标准化生产、标准化服务、标准化检测、标准化运输、标准化销售）要求，以基地品牌建设为重点，着力提升兰陵县蔬菜产业生产力。实施了山东省农业产业园、山东省高效特色农业发展平台、国家数字农业试点县等项目，实现农产品优质、安全、绿色、健康的目标，着力构建农业标准化生产、农业投入品监管、农产品流通、农产品质量安全检验检测、农产品质量安全综合执法、农产品质量安全追溯六大体系建设，以发展优质高效生态农业、促进农民增收为目标，助推乡村振兴，以改善生活条件和提升专业化、标准化、产业化水平为重点，以标准化基地生产为示范引导平台，以全面提高蔬菜产品质量安全水平和市场竞争力为核心，加快实现由蔬菜产业大县向蔬菜产业强县和生态农业大县的转变。

为了切实抓好兰陵县蔬菜标准化生产，县蔬菜产业发展中心技术人员根据全县区域地理环境、气候条件，结合当地蔬菜生产实际，总结当地菜农种植经验，请教了高校和科研院所专家，参考和引用了国内外蔬菜生产经验，编写了《苍山蔬菜栽培技术》。该书可以作为鲁南、苏北地区农民蔬菜生产的参考用书。

由于时间紧，且受水平、经验不足的限制，书中难免有不足之处，敬请专家、同仁和广大读者提出宝贵意见和建议。

编　者

2020 年 12 月

目　　录

日光温室黄瓜栽培技术

一、概述

黄瓜又被称作胡瓜、刺瓜等，是葫芦科一年生蔓生或攀缘性草本植物，为黄瓜属，雌雄同株异花。

黄瓜原产于喜马拉雅山南麓。公元1世纪传入小亚细亚、北非等地，此后又传到欧洲中部和西部，9世纪进入法国，又从东欧传到俄国。14世纪英国开始栽培。17世纪欧洲移民将黄瓜带入美洲大陆。

黄瓜传入我国是在公元6世纪，由张骞经丝绸之路从西域带入我国华北后逐渐普遍栽培。另外，黄瓜还从印度和东南亚等地沿着海路北上，传入我国华南及北方沿海地区，成为现在的华南型黄瓜。

黄瓜营养丰富。每100g可食部分中，含水分94~97g、碳水化合物1.6~2g、蛋白质0.68~0.8g、脂肪0.18~0.2g、粗纤维0.6~0.7g、灰分0.42~0.5g、钙21.4~31mg、磷11.8~16mg、铁0.2~0.34mg、维生素C 12~25mg。黄瓜果实具有清热、利尿及解毒等功效，黄瓜蔓入药制成黄瓜藤汁、制剂、流浸膏等，具有降压、降胆固醇的功效。最近研究证明，黄瓜含有的丙醇二酸在一定程度上能抑制糖类转化为脂肪，因而常食用有减肥健美之功效。

二、植物学特征

黄瓜主要的植物学特点为根系浅、叶片大、茎蔓生、雌雄异花。

1. 茎

黄瓜的茎蔓生、中空、五棱、有细刺毛、叶腋处有卷须。蔓的长短和粗细与品种、生长季节有关，同时也是生长势强弱的标志。健壮的植株，茎粗可达1cm左右。

侧枝的多少与品种和生长条件有关，早熟品种茎短、侧枝少；而中、晚熟品种茎长、侧枝多，这与品种的结瓜特性与生态型是十分相关的。

2. 叶

真叶互生，为单叶。叶片掌状五角形，有浅裂，边缘有细锯齿，叶片绿色或深绿色，叶色的深浅因品种和栽培条件而异。黄瓜的叶面积较大，蒸腾水分多，加上根系浅，因而不抗旱。随着植株的生长，叶片数量不断增加，可达20多片叶。

3. 花

黄瓜是雌雄同株异花植物，即同一植株上具有雌雄两种不同的单性花，也偶尔出现两性花。也有一些育成品种为雌性系，即植株上只出现雌花，不出现雄花或很少出现雄花。

雌雄花的分化具有明显的阶段性。在分化初期为两性花的发育，即在初期，并不表现出雌雄的特征。这一时期一般认为在一叶一心前。在这之后，花的发育才开始表现出雌雄的特点，一部分发育成雌花，一部分发育成雄花。因此，一般认为一叶一心至二叶期是黄瓜性别分化的敏感期。除品种本身的遗传特征决定了黄瓜的性别分化以外，外界环境也可以影响黄瓜性别分化，低夜温、较大昼夜温差，有利于分化雌花。

在黄瓜苗期，四叶一心时，黄瓜20节以内的花芽已分化，12节以内的性别已完全决定。因此，苗期是雌花分化与发育的关键期，栽培条件好，其雌花多而着生节位低，相反，栽培条件差，生长细弱，雌花着生节位高，节率低。

雌花呈钟状、黄色，花冠的上部有5~6片裂片，下部联合。花冠下有明显的子房，称之为"子房下位"，在开花前已明显膨大。雌花的花柱很短，柱头肥大而呈多瓣状。子房一般有3个心室。

雄花钟状，花冠黄色，无子房。雄蕊5个，两两相结合，看起来好似3个，花药呈回纹状，曲折密集排列，成熟时向外开裂。花粉黄白色，从花药中散出。

黄瓜花在天亮前就开始开放，到6:00—8:00全面开放。在一天之内，初开的花受精结实率最高，以后逐渐降低。雌花在开放前后各两天都能受精结实，但以开花当天受精结实率最高，种子数最多；蕾期受精和后期受精的结实率低。

黄瓜花粉的寿命，在自然条件下，开放后经过4~5h即失去活力，尤其在高温条件下寿命更短。

4. 果实

黄瓜花是子房下位，果实是由子房和包围着它的花托一起发育而成，称之假果，果肉的大部分是由子房壁和胎座构成的。果托部分较薄，果皮相当于花托的外皮，花托与子房壁难以区别。果实大小形状变异较大，瓜长 10～25.5cm，形状由圆筒形变长椭圆形，果皮有白、青、黄青等颜色。果有瘤或无瘤，刺有或无以及白刺、黑刺等区别。华南系统的多黄白皮黑刺，而华北系统多青皮白刺。

5. 种子

种子披针形、扁平、黄白色，千粒重 16～30g，种子寿命为 2～5 年，一般成熟种需要开花后生长 40～50d 为宜。刚收的种子，一般在几周内处于轻度休眠状态，往往发芽不整齐。由于果汁中有抑制物质以及生理干旱效应，从而抑制了种子在果内发芽，因此，在采种淘种时，不宜在发酵缸内加水，洗种后应立即晒干，以防发芽。一般每个果实有种子 100～300 粒。

三、对环境的要求

1. 温度

黄瓜是喜温性蔬菜，生育界限温度为 10～30℃，−1℃ 以下生理活动失调，生长缓慢或停止发育，一般把 10℃ 称为"黄瓜经济最低温度"。未经低温锻炼的植株，温度低于 2℃，就表现出冷害症状，经过低温锻炼的幼苗（6℃ 左右低温锻炼 7d）可忍受短时间（<4h）0℃ 左右的低温。植株在 35℃ 左右同化产量与呼吸消耗处于平衡状态；植株在 35℃ 以上呼吸作用的消耗高于光合产量；在 40℃ 以上光合作用急剧衰退，代谢机能受阻，生长停滞。在大棚高湿条件下，净光合速率最高温度为 3～35℃。

上述温度指标大都是以气温来讲的，实际生产中除了气温以外，地温也是一个重要因子。黄瓜的根系比其他果菜类对地温反应更敏感，根系发生的最低温度为 12～14℃，最高温度为 38℃，根系适温为 15～25℃，在较低的地温下，根系不伸展，吸水吸肥，特别是吸磷受到抑制，因而地上部生长不良，叶色变黄，较长时间低温会出现花打顶，甚至整个植株枯萎死亡。地温低是保护地冬春生产的限制因子，在生产上应采取提高地温，促进根系发育的措施。地温与气温相互影响、相互依赖，保持两者合适的温度范围，将有利于生育协调，使得根系生长旺盛，茎叶粗壮厚大，结果丰盛。

在考虑温度对黄瓜生育的影响时，应按黄瓜不同生育时期来划分，在发芽期最适温度为 25～30℃，最低温度为 12.7℃，低于 10℃ 不发芽，高于 35℃ 发芽率会降低。膨胀的种子经 2～6℃ 的冰冻处理，可以在 10℃ 低温下发芽；在育苗阶段，从播种至出土，要求稍高温度，白天适宜温度为22～25℃，夜间适宜温度为15～18℃；至定植前1周对温度的要求稍低，为避免徒长，白天适宜温度为18～21℃，而夜间温度应逐渐降低至5℃左右，以进行炼苗来提高抗寒性，同时增加根系的活力；定植后要求温度逐渐增高，至结瓜期需要较高的温度，白天适温为25～35℃。

昼夜温差也很重要，合理的昼夜温差管理，可以减少呼吸消耗，一般要求昼夜温差为10℃，即白天25～30℃，夜间13～15℃；前半夜16～18℃，后半夜12～13℃，这样既有利于光合产物的运输，又减少呼吸消耗。过高夜温会导致呼吸消耗的成倍增长，又会导致徒长，但夜温过低，会造成养分运输缓慢，抑制白天的净光合速率，造成植株生长缓慢，出现化瓜、尖嘴瓜或花打顶等现象。在阴天条件下，光合产物少，白天与夜间温度均可适当降低，以减少呼吸消耗。

2. 水分

黄瓜根系浅，地上部的叶片大，消耗水分多，故喜湿而不耐旱，它要求土壤湿度为85%～95%，最适宜空气湿度是相对湿度为70%～90%，但空气湿度过大又易发病，既要增加土壤湿度，又要防止空气湿度过大，这在保护地栽培中矛盾就十分突出了，而且浇水与地温相关。

黄瓜在各个生长发育阶段需水量也是不相同的，发芽期一般种子吸胀2～4h即可满足发育所需的水分要求；幼苗期应适当控制浇水，以防沤根、徒长和病害发生，但水分控制过严，加上温度过低，又会造成花打顶；结果期由于营养生长与生殖生长同时进行，蒸腾作用也较强，植株需水量加大，如果水分不足，常使瓜条畸形或者化瓜。

3. 光照

在喜温蔬菜中，黄瓜是耐弱光植物，这一特性有利于黄瓜在保护地中栽培。充足的光照有利于黄瓜营养同化作用。

短日照有利于植株发生雌花，但过强的短日照处理会限制植株的同化作用，使营养生长受到抑制，植株承担果实的能力减弱，必然导致产量降低，这一点在冬春温室栽培中问题突出。连阴天会造成植株营养不良，化瓜、畸形瓜增加，同时伴随病虫害的发生与流行。一般合适的日照时数为8～10h。

4. 土壤与养分

对土壤条件要求较高，以富含有机质、透气性好和既能保水又能排水的肥沃壤土为好，黏重土或地下水较高的地块不宜种植黄瓜。在温室栽培中创造适合黄瓜生长的苗床是栽培成功的关键。

黄瓜生长迅速，根系比较弱，因此要多次分期追肥（蹲苗后第1次浇水要追肥，盛瓜期要随水追肥）。

黄瓜对氮、磷、钾要求较严格。氮肥不足，叶绿素的含量减少，光合能力差，植株营养不良，同时下部叶老化和提早落叶。氮不足时，磷的吸收也会受阻。钾对光合作用和物质分配都有重大影响，缺钾时，养分的运转受阻，根部的生育受抑制，植株生长发育迟缓。

四、栽培技术要点

1. 品种选择

选用优质、高产、抗病、抗虫、抗逆性强、适应性广、商品性好的黄瓜品种，不得使用转基因品种。种子质量符合国家标准要求。砧木品种为黑籽或白籽南瓜。种子纯度≥95%，净度≥98%，发芽率≥95%。

2. 育苗

（1）育苗设施选择。育苗应配有温室，设有防虫、遮阴设施。对育苗设施进行消毒处理，创造适合秧苗生长发育的环境条件。

（2）营养土配制。用近3～5年内未种过瓜类蔬菜的园土或大田土5份和充分腐熟的优质有机肥5份，混合后过筛，过筛后每平方米营养土加腐熟捣细的鸡粪15kg、三元复合肥（15-15-15）3kg。也可直接使用基质穴盘育苗。

（3）播种期。越冬茬黄瓜播种期为10月上中旬。在黄瓜适播期内，砧木（即黑籽南瓜）的播期为：靠接法比黄瓜晚播5～7d；插接法比黄瓜早播4～5d。

（4）播种量。根据定植密度，每亩栽培面积育苗用种量150g左右。

（5）种子处理。将种子晾晒后，放在清水中漂去秕籽，搓洗净种子表面黏液，捞出后放在55℃的温水中浸泡15min，不断搅拌，待水温降到30℃时，再继续浸种4～5h，捞出沥干水后放入50%的多菌灵可湿性粉剂500倍液中浸种30min或用福尔马林300倍液浸种30min或10%的磷酸三钠浸种10min，捞出冲洗干净后放在25～28℃的条件下保湿催芽15h，每4～6h用清水淘洗1次，当85%的种子露白时即可播种。

（6）播种方法。将催好芽的种子播到浇透温水的营养钵或穴盘，每穴1粒种，种芽平放。

（7）嫁接前管理。苗出土前苗床气温白天25～30℃，夜间16～20℃。出土后至第 1 片真叶展开，保持白天苗床气温 24～28℃，夜间 15～17℃。

（8）嫁接。嫁接前将手和工具等在 70% 的酒精中消毒后即可嫁接。嫁接后苗床 3d 内不通风，苗床气温白天保持在 25～28℃，夜间 18～20℃；空气湿度保持 90%～95%。3d 后视苗情，以不萎蔫为度进行短时间少量通风，以后逐渐加大通风。1 周后接口愈合，即可逐渐揭去草苫，并开始加大通风。

3. 苗期管理

当子叶出土时，要及时揭开地膜，同时喷施 1 次百菌清或多菌灵药剂，以预防立枯病、猝倒病等苗期病害。黄瓜秧苗出土后，即刻采取降温降湿措施，以防徒长。如发现戴帽苗，可以再覆盖 1.0～1.5cm 厚细沙土；如床土太湿，可撒些干土或细炉灰吸湿，温度控制在 25℃ 左右。当秧苗一叶一心时，即为花芽分化期，这时要满足低温短日照的要求，气温保持在 20～22℃，地温保持 16℃，每天 8～10h 的短日照，以利于雌花分化。

根据苗子长势，可喷施叶面肥或采取降温降湿措施进行蹲苗，同时蹲苗期间可采取点水诱根措施，以促壮苗；黄瓜根系木栓化比较早，断根后不易再生，因此一般不分苗；在定植前 1 周应进行低温炼苗，但应防止闪苗，以提高苗子的抗逆性，缩短缓苗期。

4. 壮苗标准

苗龄在 40d 左右，株高 15～20cm，茎粗、色浓；下胚轴 3～4cm；4～7 片叶，叶片肥大浓绿，子叶肥厚，80% 的植株现蕾，根系发达，整株秧苗坚韧有弹性，没有病虫害或机械损伤。

5. 定植

（1）整地施基肥。将土地翻耕 2 次，每亩施充分腐熟的优质有机肥 5 000kg，磷酸二铵 40～50kg，硫酸钾 20～25kg。整平作高畦，一般畦宽 1m，高 10cm。在温室内生产，畦上应覆地膜，膜下留沟安装微喷灌，以备进行膜下暗灌，以减少棚内湿度，从而减少病虫害。

（2）棚室消毒。定植前 20d 左右进行高温闷棚，施肥后灌水，盖棚膜后密封 10～15d，能有效杀死空气中和耕土层内的病菌和虫害。或者每亩棚室用硫黄粉 2～3kg，拌上锯末分堆点燃，密闭熏蒸 1 个昼夜，放风，无味时使用。

（3）定植时间。兰陵县一般在 10 月下旬至 11 月中旬定植。

（4）定植方法及密度。定植前喷施 1 次百菌清或多菌灵药液，浇足底水，尽可能保持土坨完整，以防伤根。定植采用大垄（畦）双行、内紧外松的方法，这样既有利于通风透光，又便于田间作业。每畦栽两行，小行距 45cm，株距 30cm，每亩 4 000 株左右。采用水稳苗法（暗水法）定植，栽的深度应稍露土坨，要求嫁接苗切口处不可有土。

6. 田间管理

（1）冬季管理。

①温湿度管理：定植后缓苗前不通风，保持白天棚温 28～30℃，夜间 15～18℃。若遇晴暖天气，中午可用草苫适当遮阴。缓苗后至结瓜前，以锻炼植株为主，白天棚温 25～28℃，夜间 12～15℃，中午前后不要超过 30℃。此期间要加强通风散湿，夜间可在棚顶留通风口。进入结瓜期，棚温需按变温管理，8：00—13：00，棚内气温控制在 25～30℃，超过 28℃时放风；13：00—17：00，25～20℃；17：00—24：00，20～15℃；0—8：00，15～12℃。深冬季节（即 12 月下旬至 2 月中旬）及阴天，光照较差时，可适当降低温度指标。深冬季节外界温度低，可在中午前后短时间时通风，以降湿、换气。

②不透明覆盖物的管理：不透明覆盖物的管理与棚室的光温条件密切相关。上午揭苫的适宜时间，以揭开草苫后棚内气温无明显下降为准。晴天时，阳光照到棚面时及时揭开草苫。下午棚温降至 20℃ 左右时盖苫。深冬季节，草苫可适当晚揭早盖。一般雨雪天，棚内气温只要不下降，就应揭开草苫。大雪天，揭苫后棚温会明显下降时，可在中午短时揭开或随揭随盖，连续阴天时，可于午前揭苫，午后早盖。久阴乍晴时，要陆续间隔揭开草苫，不能猛然全部揭开，以免叶面灼伤。揭苫后若植株叶片发生萎蔫，应再盖苫，待植株恢复正常，再间隔揭苫。

③肥水管理：定植至坐瓜前，不追肥，但可结合喷药，用 0.2% 磷酸二氢钾加 0.2% 尿素进行叶面喷肥 1～2 次。当植株有 9～10 片叶、留的第一瓜 10cm 时，施用催瓜肥，浇催瓜水，每亩冲施三元复合肥（15-15-15）30～35kg。春节前，每 12～15d 追肥 1 次，有机肥和氮、磷、钾复合肥交替追施，不用氮素化肥，可将氮、磷、钾复合肥 30～35kg 冲施。水分管理上，除结合追肥浇水外，从定植到深冬季节，以控为主，如黄瓜植株表现缺水现象，可浇水但适当缩短滴灌时间，下午提前盖苫，次日及以后几天加强通风。

④植株调整：7～8 节以下不留瓜，以促植株生长健壮。用尼龙绳或塑料绳吊蔓，"S" 形绑蔓，使龙头离地面始终保持在 1.5～1.7m。随绑蔓将卷须、雄花及下部的侧枝去掉。深冬季节，对瓜码密、易坐瓜的品种，适当疏掉部分幼瓜或雌花。

（2）春季管理。2 月下旬后，气温回升，黄瓜进入结瓜盛期，应加强管理。要重视通风，调节棚内温湿度，使温室内温度白天达到 28～30℃，夜间

14～16℃。当夜间最低温度达 15℃以上时，不再盖草苫，可昼夜通风。2 月下旬以后，黄瓜需肥水量增加，要适当增加浇水次数和浇水量。结合浇水，每 7d 左右冲施 1 次以钾肥为主、菌肥或微肥为辅的肥料，每次每亩用硫酸钾 15～20kg 或三元复合肥（15-15-15）20～30kg；也可用尿素 20～30kg，并与 300kg 腐熟鸡粪（粪水）或钾宝交替施用。后期可用 0.2%～0.3% 的尿素或磷酸二氢钾进行叶面追肥以壮秧防早衰。

黄瓜生长期内，应保持适宜的功能叶片数，每株留叶 12～15 片，底部的老黄叶片及时去掉，并进行落蔓，落下的秧蔓要有规律地盘绕在垄面上，防止脚踏或水浸。

7. 病虫害防治

（1）主要病虫害。霜霉病、猝倒病、枯萎病、黑星病、细菌性角斑病、蚜虫等。

（2）防治。按照"预防为主，综合防治"的植保方针，坚持以"农业防治、物理防治、生物防治为主，化学防治为辅"的无害化治理原则。

①农业防治：

抗病品种，针对当地主要病虫控制对象，选用高抗多抗的品种。

创造适宜的生育环境条件：培育适龄壮苗，提高抗逆性；深沟高畦，严防积水，清洁田园，做到有利于植株生长发育，避免侵染性病害发生。

耕作改制，与非瓜类作物轮作。

科学施肥，测土平衡施肥，增施充分腐熟的有机肥，少施化肥，防止土壤盐渍化。

②物理防治：

设施防护，覆盖防虫网和遮阳网，进行避雨、遮阴、防虫栽培，减轻病虫害的发生。

黄板诱杀，设施内悬挂黄板诱杀蚜虫等害虫。黄板规格 25cm×30cm，每亩悬挂 30～40 块。

银灰膜驱避蚜虫，铺银灰色地膜或张挂银灰膜膜条避蚜。

③化学防治：

猝倒病：可选用 72% 霜霉威盐酸盐水剂 500～800 倍液、80% 代森锰锌可湿性粉剂 600 倍液、64% 噁霜·锰锌可湿性粉剂 500～600 倍液喷洒。每隔 7d 喷 1 次，连喷 2～3 次。

霜霉病：使用 75% 百菌清可湿性粉剂 500 倍液、70% 代森锰锌可湿性粉剂 500 倍液在晴天的上午喷施防治，连续喷施 3～4 次，间隔 7～10d 喷施 1 次。

白粉病：可以在发病初期使用25%三唑酮可湿性粉剂2 000倍液、50%甲基硫菌灵可湿性粉剂800倍液喷施防治，连续喷施3次，间隔7d喷施1次。

枯萎病：用30%甲霜·噁霉灵500倍液+33.5%喹啉酮悬浮剂25mL灌根，每株灌药250mL，每5～7d灌1次，连灌3次。用60%唑醚·代森联可湿性粉剂800倍液+77%硫酸铜钙可湿性粉剂600倍液灌根，每株灌药250mL，每7d灌1次，连灌3次。以上配方任选择一种，交替使用，如果及时治疗，效果可达85%以上。

细菌性角斑病：20%噻唑锌悬浮剂600～1 000倍液、20%叶枯唑可湿性粉剂1 000倍液、47%春雷·王铜可湿性粉剂700倍液、78%波尔·锰锌可湿性粉剂500倍液、40%琥·铝·甲霜灵可湿性粉剂600倍液、50%氯溴异氰脲酸可湿性粉剂1 200倍液，间隔7d 1次，连续防治3～4次。

靶斑病：由于病菌侵染率高，因此要做好早期防护，重点喷中、下部叶片，交替用药。可用25%嘧菌酯悬浮剂1 500倍液、40%腈菌唑乳油3 000倍液等喷雾。每7～10d喷1次，连喷2～3次，在药液中加入适量的叶面肥效果更好。

8. 采收

适时采摘根瓜，防止坠秧。及时分批采收，以确保商品果品质。

日光温室番茄栽培技术

一、概述

番茄又名西红柿，原产于南美洲，野生类型为多年生草本植物，但在有霜地区栽培为一年生。17—18 世纪由东南亚引入我国南方沿海城市种植，直到 20 世纪初期我国人民才逐渐习惯食用。50 年代，番茄的栽培迅速发展，成为我国各地主要蔬菜之一。

番茄成熟果实富含蛋白质、多种矿质元素和多种维生素，其风味酸甜可口，不仅可作为多汁的水果，还可制成罐头、番茄酱和果脯等高档食品。

二、植物学特征

1. 根

番茄属直根系，主根入土深，侧根发达，根系较庞大，分布较广。结果盛期，主根能入土 150cm 上下，侧根伸展幅度可达 250cm 左右。但在栽培上由于育苗移植时主根和多数侧根被切断，侧根上分生支根数量增多，并横向发展，根系横向分布的直径一般为 130～170cm，分布深度多在 30～50cm 土层中，100cm 以下的土层中分布很少。

番茄不仅在主根上易生侧根和在侧根上生出大量支根，而且在根茎或茎上，特别是在茎节上很容易生出不定根，且伸展很快。因此，番茄扦插繁殖较易成活。

2. 茎

番茄的茎多数品种为半直立或半蔓生，茎部木质化，需支架栽培。少数类型个别品种为直立型，可无支架栽培。茎的分枝能力强，每个叶腋都可发生侧枝，尤以花穗下第 1 侧枝生长最快。在不整枝条件下，番茄能形成枝叶繁茂的株丛。

番茄属合轴分枝（也称假二叉分枝），茎端形成花芽。按其顶芽生长习性，茎可分为无限生长类型（非自封顶生长类型）和有限生长类型（自封顶生长类型）。无限生长类型的植株，在茎端分化第1个花穗后，这穗花序下的1个侧芽生长成强盛的侧枝，第2穗及以后各穗下的1个侧芽也都如此。有限生长类型的植株，则在主茎生出3～5个花穗后，最上部1个花穗下的侧芽变为花芽，不再长成侧枝。

3. 叶

番茄叶互生，单叶羽状深裂或全裂。每片叶5～9对小裂片，卵形或椭圆形，叶缘齿形，黄绿、绿或深绿色。单叶的大小、形状、颜色等因品种及环境条件而异，这既可作为鉴别品种的特征之一，也可作为栽培管理措施诊断的生态依据。一般晚熟品种的叶片较大，早熟品种的叶片较小。露地栽培的叶色较深，温室及塑料大棚内栽培的叶色较浅。低温下叶色发紫，高温下小叶内卷。丰产型植株，叶片手掌形，中脉及叶面较平，叶片较大，叶色绿，顶部叶正常展开。徒长植株叶片呈长三角形，中脉突出，叶大、色浓绿。老化植株叶小，叶色淡绿或暗绿，顶部叶片小型化。

番茄的叶片和茎上，密生泌腺和短腺毛。能分泌具有特殊气味的汁液，有避虫作用。但在生产实践中发现，番茄泌液的特殊气味，对黄瓜有不良影响。因此，大棚内番茄与黄瓜不宜间作。

4. 花

番茄的顶芽为花芽。花序为总状或复总状花序，着生于节间。无限生长类型的品种，主茎长到7～10片真叶，有的晚熟品种长到11～13片真叶时出现第1花序，以后每隔2～3片叶着生1个花序。在条件适宜时，主茎不断延伸生长，可无限着生花序。此类型品种，一般植株高大，生育期较长，成熟期偏晚，产量高。有限生长类型的品种，主茎长到6～7片真叶时着生第1花序，以后每隔1～2片叶形成1个花序，通常主茎上发生2～4层花序后，花序下位的侧芽停止发育，不再抽枝，出现封顶现象。此类型品种一般植株矮小，开花结果集中，表现早熟，适合矮架密植或无支架栽培。

番茄每一花序的花数品种间差异较大，同时也受环境条件影响。番茄花为完全花，自花授粉，天然杂交率为4%～10%。同一品种，花器官较大的一般果实也较大，畸形花一般都发育成畸形果。

5. 果实

番茄果实为多汁浆果。果实的形状因品种不同而异，有圆球、扁圆、椭圆、长圆、梨形等多种。果实大小、心室数、颜色，除决定于品种遗传性外，与环境条件也有关。

番茄果实的颜色，是由果皮颜色与果肉颜色相衬而表现的。如果果皮为黄色，果肉为红色，果实则为橙红色；果皮无色，果肉红色，果实则为粉红色；果皮、果肉皆为黄色时，果实则为深黄色。番茄果实的黄色是因含有叶黄素和胡萝卜素所致，这两种色素的形成，主要与光线照射有关。果实的红色则是由于含有茄红素，茄红素的形成主要是受温度支配，也与光线有一定关系。

6. 种子

番茄种子成熟比果实成熟早，一般情况下，开花授粉后35d，种子即有发芽力。种胚的发育则是在授粉后40d左右完成，所以授粉后45d左右的种子，完全具备正常的发芽力，但种子完全成熟需要50d左右。由于果实内果胶汁中存在着抑制发芽的物质及受果胶汁渗透压的影响，果实内的种子不发芽。种子扁平、肾形，表面着生银灰色茸毛或光滑无毛。种子使用年限一般为3～4年。

三、对环境的要求

1. 温度

番茄是喜温蔬菜，不耐低温，在其他条件正常的情况下，光合最适宜温度为20～25℃，温度上升至30℃时，光合作用显著降低，升高到35℃以上时，光合作用基本停止，生殖生长受到干扰和破坏，即使是短时间45℃以上的高温，也会产生生理干扰，导致落花落果或果实不发育。温度长时间低于15℃，不能开花或授粉受精不良，导致落花等生殖生长障碍。温度降到10℃时，植株生长量显著下降，低于5℃时，停止生长发育。因冻害致死的最低温度为−2～−1℃。

番茄在不同生育阶段对温度的要求也不同。番茄生长发育所需适宜温度的高低，与光照、氮素养分、空气中二氧化碳含量等条件密切相关。在强光下增加空气中二氧化碳含量，光合作用的最适温度提高。而在夜温高的情况下，如氮的浓度低则不能结果。番茄保护地栽培在温度管理上，最重要的是要保持一定的昼夜温差。白天适当提高温度，以有利于光合作用制造营养物质，夜间适当降低温度，以减少呼吸消耗，有利于营养物质积累，从而促进植株和果实的生长发育。番茄适宜的昼夜温差为10℃左右。

2. 光照

番茄的光饱和点为7万lx，在栽培中需3万lx以上的光照强度，才能维持其正常生长发育。光照是大棚番茄丰产的关键，往往由于连阴天造成秋冬番茄栽培的失败。试验证明，番茄在延长光照时间的条件下，干物质产量显著增加。一般每平方米叶面积生产 1kg 果实，需要 95～96h 的正常光照。在保护地番茄秋延迟茬和越冬茬栽培中，及时揭敞不透明覆盖物，尽可能争取光照时间是关键性管理措施。强光会造成果面灼伤，但若调节好棚内温、湿度，一般不会造成危害。

番茄正常生长发育要求有完整的太阳光谱。玻璃覆盖下培育的秧苗，比聚乙烯等塑料膜覆盖下培育的秧苗易发生徒长，主要原因是玻璃的短波光透过率低，缺乏紫外线等短波光。

3. 水分

番茄喜空气干爽及土壤湿润，耐旱不耐涝，以空气相对湿度 45%～60%，土壤湿度 65%～85% 为宜。

幼苗期应适当控制浇水，以防止秧苗徒长和病害发生。第 1 花序开花坐果前后，若土壤水分过多，会阻碍根系的正常呼吸，造成根系发育不良，易引起植株徒长和花器发育不良，造成落花落果。因此，浇水不宜过勤和过大。第 1 穗果膨大后，植株需水量加大，应及时增加水分供应。盛果期需水较多，平均每株每天吸水量为 1～2L，因此，应保持土壤见干见湿。

四、栽培技术要点

1. 品种选择

选用抗逆能力强的优良品种。质量要求：种子纯度≥95%，净度≥98%，发芽率≥95%。

2. 育苗

（1）育苗设施选择。育苗应配有温室，设有防虫、遮阴设施。对育苗设施进行消毒处理，创造适合秧苗生长发育的环境条件。

（2）营养土配制。营养土要求富含有机质，土壤疏松，保肥保水性能良好。

（3）育苗床土消毒。用 50% 多菌灵可湿性粉剂 8～10g，与 15～30kg 细土混合均匀撒在床面，厚度 10cm。目前多采用穴盘育苗，苗子质量较好。

（4）催芽。播种前种子用冷水浸泡 12h 后，用 35℃ 温水催芽。待 80% 的种子露白即可播种。由于夏末秋初气温较高，日照较强，播种后苗床要加盖小拱棚和遮阳网。

3. 苗期管理

（1）温度。温度管理以白天不高于 30℃，夜间不低于 10～15℃为宜；特别注意在 12：00—16：00，如遇光照过强要及时加盖遮阳网，避免幼苗日灼。

（2）分苗。幼苗两片子叶展平后进行分苗，移栽到营养钵中。分苗后要控制光照，注意遮阴，避免高温，以促进缓苗。当幼苗高 15～20cm，具有 6～8 片真叶，20～25d 苗龄时，即可定植。定植前要控制温度和水分，进行炼苗。

（3）炼苗。育苗棚逐渐放风，适当控制水分。

4. 定植

（1）定植时间。兰陵县日光温室越冬栽培定植时间在 9 月底、10 月初为宜。

（2）定植前准备。定植前每亩施用 4 000kg 腐熟的优质农家肥和 40kg 磷酸二铵，深翻 25～30cm，耙平地面。整地后，按照宽 1m、高 30cm 的规格起垄，垄面耙平整，并铺好地膜，灌 1 次透水。定植方法采用明水定植，即先栽苗，后浇水。按照一垄双行的栽培方式，株行距为 30cm×60cm，单棚定植 2 000 株左右。定植一般选在晴天的下午进行，定植后及时灌水。

5. 田间管理

（1）控制温度。越冬期间温度低，应合理调整温度，白天控制在 25～28℃，夜间温度不低于 10℃；第 1 穗果进入膨大期后，昼夜温度掌握在 10～30℃，一般晴天上午 28℃时开始放风，傍晚气温降至 16℃时关闭放风口；结果期降低夜温有利于果实膨大，昼夜温差可加大到 15～20℃。遇阴雪天也应适当放风换气排湿，并保持一定昼夜温差。

（2）加强放风。结合温度管理进行放风，以达到排湿、换气、降温的目的。当室内空气湿度超过 75%时，极易发生真菌类病害。除地面覆盖外，降低空气湿度主要靠科学放风。但是放风量过大室内温度又会随之下降，为保证光合作用所需要的较高温度，又能排出室内的湿气，必须采取上午少放风，使室内温度尽快达到要求，在适宜的高温条件下，光合产物增加，同时可使棚布上、叶面上的水珠汽化，此后打开通风口，在降温的同时，可迅速排除水汽，降低空气湿度，并换入新鲜空气。如遇阴天，室内虽达不到 28℃，到 13：00 左右，也要开通风口，进行换气，增加室内氧气。

（3）肥水管理。追肥应视植株长势而定，当叶色浓绿，叶片卷曲，表明肥力充足，相反，叶片变薄，叶色变浅，新出枝梢变细，下叶过早黄化，表明肥力不足，应及时追肥。结果期间每 5～6d 浇 1 次水，要求见干见湿，采收期减少浇水以防裂果。在施足基肥的基础上，当每一穗果挂稳后要重追1次保果肥，以后结合果实的批量采收补充追肥2～3次。结果盛期，可叶面喷施0.3%的磷酸二氢钾。

（4）整枝、疏叶。番茄在温室内生长迅速，当植株长至30～40cm时用尼龙绳吊蔓，随时落秧盘蔓。一般采取单干整枝，即保留主干上的花序，去除主干上发出的侧枝，并及时摘掉下部发黄的老叶和病叶，以减少养分消耗，增强透光性。

6. 病虫防治

樱桃番茄易发生的主要病虫害是早晚疫病、灰霉病、蚜虫、白粉虱等。采用以农业防治和物理防治为主、化学农药防治为辅的方法。重点要调整好棚内的温湿度，创造适合番茄生长而不适合病虫害发展的棚室条件。可采用银灰色反光膜驱蚜，设置黄板诱蚜及白粉虱，加盖遮阳网、防虫网，杜绝外界害虫进入。

7. 采收

当果实充分膨大，由绿变黄或变红时，应及时采收。

日光温室苦瓜栽培技术

一、概述

苦瓜又名金荔枝、癞瓜，属葫芦科。因其果实含有特殊苦味，故名苦瓜。苦瓜原产于东印度，在我国四川、云南、湖南、广西、福建、台湾等地较普遍栽培。苦瓜含多种营养成分，是营养价值高的果菜，每百克果肉含维生素 C 80mg，是黄瓜含量的 14 倍，而且含有苦瓜素、5-羟色胺和多种氨基酸、维生素 A、B 族维生素等，食后助消化，增进食欲，对多种疾病有较好疗效，所以深受消费者欢迎。

二、植物学特征

1. 根

苦瓜属直根系作物，根系发达，主根可伸长达 2～3m，发生多级侧根，分布在 30～50cm 耕作层内，横向分布可达 3～5m。根系喜湿，但又怕积水。根据这一特性，应增施有机肥，深翻土壤，培肥地力，改善土壤的物理状况，促进根系生长。

2. 茎、叶

苦瓜属于葫芦科苦瓜属，一年生蔓生植物。茎叶繁茂，攀缘性，分枝性强，可产生多级分枝。苦瓜的每一叶节都能萌发侧枝、卷须、雄花或雌花。一级分枝亦称子蔓；二级分枝称孙蔓，以此类推。主茎上一般 10 叶节以上才产生雌花，而侧枝上产生雌花的叶节较低，因此在整枝上可利用侧蔓结瓜，以利于提早上市和提高产量。由于苦瓜的茎分枝太多，因此植株主蔓下部 1～1.5m 以下的侧枝多去掉，以利通风透光。

苦瓜的叶片为互生，掌状，浅裂或深裂，一般呈五裂或七裂。有 5 条明显的放射状叶脉，两侧叶脉产生分枝而形成七裂叶片。

3. 花

苦瓜花为单性，雌雄同株异花。一般先发生雄花，后发生雌花，雄花多雌花少。雌花发生节位的早晚，因品种而异，早熟品种出现节位低些，反之晚些。一般在10～18叶节着生第1朵雌花，以后间隔7～10叶节又着生雌花，适宜的环境也可出现雌花，连续性雌雄花的重要区别为子房有无，雌花为下位子房。花柄上着生绿色盾形苞叶。

4. 果实

苦瓜果实的表面具有许多规则或不规则的瘤状突起，果形似黄瓜，果实为浆果。嫩果绿色或浓绿色，随生理成熟，表皮转为白绿色，逐渐变为黄白色、黄红色，成熟的果实顶端自然开裂，露出血红色的瓜瓤，其内包裹着种子，每瓜的种子数量20～50粒。

5. 种子

苦瓜的种子较大，千粒重150～200g，扁平，种皮呈龟甲状，表面似有雕刻的花纹，白色或棕褐色，种皮坚硬，吸水发芽困难，需温水浸种。在常温下种子寿命一般3～5年。

三、对环境的要求

1. 温度

种子发芽温度以30～35℃为宜，结果期温度以20～30℃为适，25℃为最适温度，30℃以上亦能生长良好，幼苗能忍耐10℃低温，且能缓慢生长。苗期时，12h以下光照，能促使苦瓜早结果。

2. 光照

苦瓜属短日照作物，喜光照，不耐长时间的阴天，冬季栽培尤其需光照，因此在栽培上要早揭晚盖草帘，选用透光性好的薄膜，经常清扫膜上的灰尘等。有条件的可在大棚内增设电源光照等。

3. 土壤营养及水分

土壤宜肥沃、疏松通气，尽量避免重茬等。要能灌能排，不能长时间积水，生产中要深翻土壤，增施大量有机肥、无机肥，以促使其生长。

四、栽培技术要点

1. 品种选择

选用优质、高产、抗病、抗虫、抗逆性强、适应性广、商品性好的苦瓜品种，不得使用转基因品种。种子质量符合国家标准要求。

2. 育苗

（1）育苗设施。根据季节不同，选用温室、塑料棚、温床等设施育苗。可采用穴盘育苗。

（2）营养土。营养土要求有机质、有效磷、速效钾、碱解氮含量丰富。孔隙度约60%，土壤疏松，保肥保水性能良好。营养土配方：用近3～5年内未种过瓜类蔬菜的园土或大田土5份和充分腐熟的优质有机肥5份，混合后过筛，过筛后每立方米营养土加三元复合肥（15-15-15）3kg、50%多菌灵可湿性粉剂80g，充分混合均匀。

（3）种子用量。每亩栽培面积的用种量：育苗移栽350～450g，直播500～650g。

（4）种子处理。苦瓜种子种皮坚硬，因此要进行浸种催芽，其方法是：将种子晾晒后，放在60℃左右的温水中浸泡20min，不断搅拌，待水温降到30℃时，继续浸种12～15h，浸泡过程中，适当搅拌，浸种搓洗后放入10%的磷酸三钠溶液中浸种10min，捞出冲洗干净后放在35℃的高温条件下进行保湿催芽，催芽期间用30℃的温水每6～8h冲洗1次，一般3d即可发芽。当80%的种子露白时，即可播种。

3. 播种

（1）播种期。日光温室培养，适宜播期在8月下旬至9月上旬。

（2）育苗。将催好芽的种子播到浇透水的穴盘上，每穴1粒，种子平放。

（3）苗期管理。当子叶出土时，要及时喷施1次百菌清、多菌灵药剂，以预防立枯病、猝倒病等苗期病害。秧苗出土后，即可采用降温降湿措施，以防徒长。若发现戴帽苗可以再覆盖1cm左右的细沙土。在定植前1周应进行低温炼苗，但应防止闪苗，以提高苗子的抗逆性，缩短缓苗期。

（4）炼苗。定植前7d适当通风降温。

（5）壮苗标准。苗龄在35d左右，株高20cm，幼苗的横茎粗0.8cm左右，4～5片真叶，叶色浓绿，无病虫害和机械损伤，根系发达，整株秧苗坚韧有弹性。

4. 定植

（1）定植期。日光温室内定植在 9 月下旬。

（2）定植前准备。整地施肥：每亩施充分腐熟的优质有机肥 5 000kg、磷酸二铵 25kg、硫酸钾 30kg，深翻 2 次，整平作高畦，一般畦高 15～20cm，畦宽 0.6m；在大棚（温室）内生产，畦上应覆地膜，膜下留水沟，以备进行膜下暗灌，以减少棚内湿度，从而减少病虫害。棚室消毒：土壤深翻后扣棚，每亩棚室用硫黄粉 0.5～1kg、百菌清烟剂 100g 或高锰酸钾 0.25kg，拌上锯末分堆点燃，密闭熏蒸 1 个昼夜，放风，无味时使用。温室夏季休闲期，可用淹水盖膜进行高温消毒。

（3）定植。定植前 1 周进行低温炼苗。定植前 1 天浇足底水。定植采用每畦双行的方法，行距 80cm，株距 60cm，棚内栽植密度在 1 500 株/亩。采用水稳苗（暗水法）定植，栽植深度应稍露土坨，栽植时浇足水，一般缓苗前无需再浇水。

5. 田间管理

（1）缓苗前后的管理。定植后，采用开孔掏苗的方法覆地膜，以利于提高地温。气温保持在 28℃，一般 5～8d 后可见到心叶见长，而且出现新根，则证明缓苗成功。这时应适当降温，并适当放风降湿。没覆地膜的，则要通过松土，降湿蹲苗。缓苗后，温度白天控制在 23～28℃，夜间 13～18℃，最低不可低于 12℃，土壤湿度经常保持在 80%～85%，空气湿度保持在夜间 90% 左右，白天 70% 左右，并尽可能增加光照强度和延长光照时间。此期，植株生长缓慢，株体小，需肥少，在施足基肥和定植时"窝里放炮"施腐熟粪干和饼肥的基础上，一般不缺肥，所以不需要追肥，但是可以根据植株长势，喷施磷酸二氢钾等叶面肥。

当植株主蔓长 40～50cm 时，就开始整枝吊蔓。在吊蔓时要把侧蔓全部拿去，以集中养分促进主蔓生长粗壮和叶片肥大。摘除侧蔓时最好选择在晴天的中午前后进行。苦瓜的茎节上易发生不定根，可在第 1 次吊蔓之前压蔓，以促发不定根，扩大根系吸收面积，压蔓的方法是在每一植株的南侧用刀片在地膜上割一条 15cm 长的"一"字形口，用小铲将口内土壤铲 2～3cm 深，将苦瓜主蔓下部 15cm 一段埋入膜下土壤中（只埋压茎蔓，叶片梗露在地膜上面），并尽可能把膜口封好。

（2）结瓜前半期的管理。

①光照和温度调节：强光和较长的日照，有利于促进苦瓜结瓜期的茎叶旺盛生长和幼瓜加快膨大；但冬春茬温室苦瓜陆续结瓜的前半期，正处在光照时

间较短、光照强度较弱的寒冬季节，因此，争取光照时间、增加光照强度、增温和保温是这一时期管理的重点。一般棚温保持在白天 18~25℃，夜间 12~18℃，当棚内气温高于 28℃ 时，即可开天窗放风降温。这段时期温室光、温管理措施主要是：早揭晚盖草苫，争取延长光照时间；及时扫除棚膜上的染尘和草屑，保持膜面清洁透光良好；阴雪天白天仍然要揭草苫；棚内后墙上张挂镀铝聚酯反光幕；依据苦瓜耐低温性能差而耐湿性能强的特点，在冬季管理上减少放风排湿时间和放风量，以加强保温。

②水、肥供应：从采收期开始，结合浇水追肥，随着植株生长量逐渐加大，浇水间隔时间由 15d 左右，逐渐缩短为 10d，追肥间隔时间由隔 1 次浇水冲施 1 次磷、氮肥，过渡到每次浇水都随水冲施磷、钾肥。每次每亩冲施尿素 7~8kg、钾宝 7~8kg。同时定时进行二氧化碳施肥。为使苦瓜植株强根壮茎、优质高产，可追施含有钙、镁、硅、硫及微量元素和稀土元素的活性钙肥，追施量一般 pH 值>7 的碱性土壤每平方米 0.15~0.2kg，pH 值<7 的酸性土壤每平方米 0.2~0.25kg。

③整枝落蔓：当苦瓜的主蔓攀缘尼龙绳往上生长到接近本行的吊蔓铁丝时，就应落蔓。落蔓时先将主蔓叶腋间发出的侧枝和下部老、黄叶剪除，并带出棚外。对于顶部受损的植株，可选留一条发达的侧蔓代替主蔓。落蔓时要本着上齐下不齐的原则，使各行各株的主蔓顶端，同处在行北头略高、南头略低的同一坡面上；绑吊在尼龙绳上的主蔓要弯曲呈"S"形；落下不吊的老蔓部分，要盘落在本植株基部小行间地膜之上。落蔓后，一般主蔓顶部离上边的同行吊蔓铁丝 0.5~1m。

④人工授粉：造成苦瓜间歇性结瓜的症状是落花和化瓜。落花的主要原因是未授粉或授粉不良，因此，必须坚持在开花结瓜期内每天 8:00—9:00 进行人工授粉，方法是摘取当日清晨开放的雄花，去掉花冠，将雄蕊散出的花粉涂抹在雌蕊的柱头上。

(3) 结瓜后半期的管理。

①加强肥水供应：结瓜后半期植株生长量进一步增大，瓜条膨大速度加快，蒸腾作用增强，所以耗水耗肥量也增大，故此要加强肥水供应。一般每 7~8d 浇 1 次水，随水每次每亩冲施硫酸钾、尿素各 7~8kg，为发新根、促进壮秧，可在大行间垄沟两侧撩起地膜，每亩撒施活性钙肥 100kg，然后划锄松土、重盖上地膜。

②温度、光照管理：苦瓜结瓜期所需要的适宜温度并非绝对的，而是随着光照强度增大和日照时间延长，所需要的适宜温度也有所改变。对于保护地生

产的，此期温度的管理不是以增温、保温为主，而是以通风、调温为主。在正常天气情况下，使大棚昼夜通风，温度白天在18～28℃，夜间14～18℃。

6. 病虫害防治

（1）主要病虫害有枯萎病、病毒病、根结线虫病、蚜虫等。

（2）防治原则。按照"预防为主，综合防治"的植保方针，坚持以"农业防治、物理防治、生物防治为主，化学防治为辅"的无害化治理原则。

①农业防治：选用抗病品种，针对当地主要病虫控制对象，选用高抗多抗的品种；严格进行种子消毒，减少种子带菌传病；培育适龄壮苗，提高抗逆性；创造适宜的生育环境，控制好温度和空气湿度、适宜的肥水、充足的光照和二氧化碳，通过放风和辅助加温，调节不同生育时期的适宜温度，避免低温和高温障碍；深沟高畦，严防积水；清洁田园，将苦瓜田间的残枝败叶和杂草清理干净，集中进行无害化处理，保持田间清洁；耕作改制，与非葫芦科作物实行3年以上轮作，有条件的地区实行水旱轮作；科学施肥，增施腐熟有机肥，平衡施肥。

②物理防治：设施防护包括防虫网和遮阳网，进行避雨、遮阴、防虫栽培，减轻病虫害的发生。诱杀与驱避包括温室栽培用黄板诱杀蚜虫，每亩悬挂30～40块黄板（25cm×40cm）。

③化学防治：枯萎病及时拔除病株，病穴及邻近植株用70%甲基硫菌灵可湿性粉剂或80%多菌灵可湿性粉剂1 000倍液灌根。病毒病发病初期用20%吗胍·乙酸铜可湿性粉剂500倍液。蚜虫可用10%吡虫啉可湿性粉剂2 000倍液喷雾防治。

7. 采收

当苦瓜的果实充分长大，瓜肩瘤状物突起增大，瘤沟变浅，瓜尖干滑，皮层鲜绿或呈乳白色并有光泽时，即可采收嫩果，根瓜可适当早摘，以防引起化瓜。

日光温室茄子栽培技术

一、概述

茄子又名落苏、昆仑紫瓜、矮瓜等，属茄科，为一年生草本植物。茄子原产于东印度热带地区，由泰国、越南传入我国南方地区，并很快成为农家自给性蔬菜。茄子在我国已有1 000多年的栽培历史，并具有丰富的品种资源和高产栽培经验，是我国各地栽培的主要蔬菜作物之一。

茄子鲜果中含有丰富的营养物质。据分析，每100g新鲜果肉中，含蛋白质2.3g、碳水化合物3.1g、粗纤维0.8g、钙22mg、磷31mg、铁0.4mg、胡萝卜素0.04mg、硫胺素0.03mg、核黄素0.04mg、烟酸0.5mg、维生素C 3mg等，尤其是维生素P的含量可高达700mg，在各种蔬菜产品中含量最高。维生素C可以增加毛细血管的弹性和细胞间的黏合力，对防止微血管破裂、高血压、皮肤紫斑症等有相当补益。另外，茄子中还含有茄碱，具有降低胆固醇和增加肝脏生理功能的作用，所以茄子又被人们称为食疗保健蔬菜。

二、植物学特征

1. 根

茄子的根系比较发达，成龄植株的根系可深达130～170cm，水平方向上伸展的侧根比其他茄果作物少而短，但也可达100～130cm。主要根群分布在30cm以内的土层中。茄子的根系木质化比较早，不定根发生较少，根系被切断或损伤后，其根系再生能力比番茄弱，不耐移栽。但苗期根的横向生长晚，根系木质化程度轻，恢复能力也强，生产中一般仍采用育苗移栽，但最好采用育苗钵或营养土块等护根措施，尽量减少根系受伤的机会，并不宜多次移植。

2. 茎

茄子的茎幼苗时期是草性的，随着植株长大而逐渐木质化，茎直立，一般不需搭架支撑。植株分枝能力比较强，但很有规律，为假二杈分枝。植株比较开张，茎叶繁茂，但枝条生长速度慢，茎叶生长与开花结果争夺营养的矛盾易于协调，因此栽培上只要管理得当，可长期栽培。此外，茄子的每个叶腋都有潜伏的腋芽，一旦条件合适，就能萌发形成侧枝，并能开化结果。但这些侧枝抽生长势比较弱，同其他结果枝争夺养分，并使植株郁闭，影响通风透光，往往影响其上部果实或枝条的正常生长。栽培上要进行整枝打杈，将这些腋芽抹掉或将无用的侧枝摘除。

3. 叶

单叶，互生，多为卵圆形或长椭圆形。颜色为绿色或深绿色，因品种而异。紫茄品种的叶柄带紫色，白茄和青茄品种叶柄呈绿色。此外，叶片边缘有波浪状的钝状缺刻，叶面粗糙且有茸毛，叶脉和叶柄有刺毛。

4. 果实

果实为浆果，以嫩果供食用。果实的颜色与形状依品种而异，栽培上可根据当地的食用习惯选择不同品种。

5. 种子

种子扁圆形，外皮光滑而坚硬。故栽培上播种时需进行浸种催芽处理。完全成熟的种子种皮呈黄色或黄褐色，有光泽。茄子种子寿命长，通常达 6～7 年，但使用年限一般为 2～3 年。一般陈种子种皮呈褐色或灰褐色，无光泽。千粒重 4～5g。

三、对环境的要求

1. 温度

茄子是喜温性蔬菜，较耐热。生长发育的适宜温度是 20～30℃，20℃以下影响受精，果实发育不良，低于 15℃易落花，低于 10℃植株停止生长，5℃以下就会使植株遭受冻害，不耐霜。能适应 30～35℃的高温，但超过 35℃花器发育受阻，花芽分化延迟，授粉和果实的生长发育受阻，常致落花。

2. 光照

茄子是喜光作物，不耐弱光。光饱和点为 4 万 lx，光补偿点为 2 000lx。苗期光照不足，会影响花芽分化，花芽分化晚，长柱花减少，中柱花、短柱花增多；开花及结果期透光不良，光合作用降低，果实膨大慢，着色差，产量和品质下降。光照时间的长短对茄子的发育无太大影响，但较长光照能使幼苗生育旺盛，花芽分化早，花期提前。

3. 水分

茄子需要充足的水分，耐旱性弱。水分不足，植株生育缓慢，花发育不良而容易出现短柱花；结果期缺水，结果少，易出现僵果，果面粗糙，果实硬，品质差。但是也要注意茄子虽然耐湿热，若空气湿度大（长期80%以上），常导致绵疫病的发生和蔓延，开花、授粉困难，造成大量烂果及落花落果严重。此外，茄子对土壤通气条件有较高的要求，若田间积水，排水不良易引起烂根。

4. 土壤及养分

茄子对土质适应性强，对土壤要求不严格。但在土层深厚、土质疏松、含有机质多、保水、保肥力强的沙质壤土中生长良好。茄子较耐肥，并且对氮肥要求较高，磷肥使用不宜过多。苗期氮素营养不足，花的质量差；结果期初期缺氮，植株基部叶片易老化、脱落；结果中、后期缺氮，常导致开花数减少，结果率下降，产量明显降低。此外，茄子在开花、结果的盛期，需大量的磷、钾肥。土壤湿度过大，土壤溶液浓度过高时茄子容易表现缺镁症状，叶片主脉周围变黄失绿。

四、栽培技术要点

1. 种子选择

选用高产、抗病、抗虫、抗逆性强、适应性广、商品性好的茄子品种。种子质量符合 GB 16715.3—1999 中规定的要求。

2. 育苗

（1）种子处理。将种子晾晒后，先用凉水浸泡4～5min，然后放入50℃温水中搅拌浸种15min，捞出后用清水洗净，再用30℃的温水浸泡4～5h，捞出沥干水后放入50%的多菌灵可湿性粉剂600倍液中浸泡30min，捞出冲洗干净后放在25～28℃的条件下保湿催芽，每4～6h用清水淘洗1次，当80%的种子露白时即可播种。

（2）培育壮苗。育苗场地：育苗场地应与生产田隔离，用温室、阳畦或温床育苗。营养土的配制：用近3～5年内未种植过茄科蔬菜的园土或大田土5份和充分腐熟的优质有机肥5份，混合后过筛，过筛后每立方米加草木灰4～5kg。或用肥沃的园土4份，充分腐熟的优质有机肥3份，过筛的细炉渣3份，均匀混合后即可。也可直接使用基质穴盘育苗。

加强苗期管理：当子叶出土时，要及时揭开地膜，同时用50%多菌灵可湿性粉剂喷施 1 次，以预防立枯病、猝倒病等苗期病害，并使地温控制在 18℃左右，日温保持在 25℃左右。床土太湿时，要撒细干土控墒。

当秧苗二叶一心时，即为花芽分化期，日温 25℃左右，夜温 15～20℃为适宜。

由于茄子的根系易木栓化，因此分苗的次数一般不超过 1 次，且分苗不宜晚于真十字期，即 4 片真叶期。门茄现蕾，标志着幼苗期结束，当达到一定苗龄和壮苗标准后即可移栽，在定植前 1 周要降温降湿，以锻炼秧苗。

壮苗标准：苗龄 60～80d，株高 15cm，长出 7～9 片真叶，叶片大而厚，叶色浓绿带紫，茎粗黑绿带紫，门茄现大蕾，根系多而无锈根，全株无病虫害和机械损伤。

3. 定植

（1）定植期。温室内茄子定植时，必须保证 10cm 处地温稳定在 12℃以上，气温在 20℃左右。

（2）整地施肥。每亩施充分腐熟的优质有机肥 5 000kg，深翻 30cm，平整后做成高垄，垄距 1.2m，垄高 15cm，大垄中间开一小沟。

（3）定植。定植前 1 天，苗床、营养钵要浇足水，以保持土坨尽可能完整，以防伤根。在冬春季温室大棚内定植，必须选择在冷尾暖头的晴天中午进行。定植采用大垄双行、内紧外松的方法，小行距 50cm，株距 40cm，采用水稳苗（暗水法）定植，栽植深度没过土坨，水渗下后要及时封埯。每亩植 2 000 株左右。

4. 田间管理

（1）缓苗前的管理。定植后缓苗前要保湿，土壤保持潮湿。当新叶开始生长，新根出现，则证明已经缓苗。

（2）开花结果期的管理。缓苗后如土壤干旱，可浇 1 次缓苗水，但水量不宜过大，地表干后及时中耕，并行培土，进行蹲苗。茄子的蹲苗期不宜过长，一般门茄达到瞪眼期时可结束蹲苗，追 1 次"催果肥"，灌 1 次"催果水"，最好用高质量的有机肥，如每亩用饼肥 40kg 腐熟后局部施用，同时随水每亩施尿素 15kg，结合追肥，在植株基部培土，以防植株倒伏。对茄及四母斗茄子迅速膨大期，对肥水的要求达到高峰，应每 4～6d 灌溉 1 次。夏季下暴雨后应及时灌井水降低地温，提高土壤中氧的含量，并降低根的呼吸强度，减少所需氧气，防止烂根。

要适时打叶。当门茄长到 3cm 左右时，就可去掉第一侧枝以下的叶片，以减少营养消耗。全生育期都要及时摘掉病老黄叶，以利于通风透光。每个花序下只留 1 个侧枝，其余的全部去掉。

5. 病虫害防治

主要病虫害有茄子绵疫病、褐纹病、疫病和蚜虫、红蜘蛛。

（1）农业防治。实行与非茄科蔬菜轮作，增施腐熟有机肥和磷肥，温室内覆地膜以提高地温，促进根系发育。嫁接换根以野生茄子为砧木嫁接育苗，既可以防治茄子黄萎病，也可以提高植株的耐低温能力。

（2）物理防治。清洁田园，发现病株立即拔除，带出棚外销毁。

（3）化学防治。

绵疫病（又称掉蛋、水烂或烂茄子）的防治：实行合理轮作；选用抗病品种；加强田间管理，预防高温高湿。在发病初期，可用 75% 的百菌清可湿性粉剂 800 倍液喷施。

茄子褐纹病：以农业综合防治为主，也可用 75% 百菌清可湿性粉剂 800 倍液喷雾防治。

蚜虫：可用 10% 吡虫啉可湿性粉剂 2 000 倍液喷雾防治。

6. 适时采收

当果实充分长大，有光泽，近萼片边沿的果皮变白或浅紫色时，即可采收。在盛果期，每隔 2～3d 即可采收 1 次。

日光温室丝瓜栽培技术

一、概述

丝瓜属葫芦科、丝瓜属。又叫蛮瓜、思意、天萝、布瓜、纺线等名。其老熟放干后网络如丝，可用来拭洗涤炊具，所以又有"洗锅罗瓜"之称。丝瓜原产于印度，唐末传入我国，到明代广泛种植于南北各地。目前它已成为我国秋季主栽蔬菜之一。由于它色泽青绿，瓜肉柔嫩，味道清香，而且适应性强，易于栽培，用途广，价值高，因此历来受到人们的喜爱。随着保护地蔬菜栽培技术的推广，丝瓜已由夏秋生产，扩大到常年生产，成为周年上市的蔬菜品种之一。

丝瓜的可食部分为嫩瓜。嫩瓜营养丰富，是江、浙、粤、川等南方各省的主要食用蔬菜。丝瓜含有丰富的营养，它所含蛋白质、淀粉、钙、磷、铁和维生素 A、胡萝卜素、维生素 C 等，在瓜类蔬菜中都是较高的，每百克嫩瓜含水 $93\sim95g$，蛋白质 $0.8\sim1.6g$，碳水化合物 $2.9\sim4.5g$，维生素 A $15\mu g$，维生素 C $8mg$。它所提供的热量仅次于南瓜，而在瓜类中名列第二。丝瓜不宜生食，除此之外，可炒或做汤羹。南方各省可做成"丝瓜烧田鸡""丝瓜烧鸡腰""丝瓜炒虾仁"等荤菜；以丝瓜为主料做汤菜，往往更能使人品尝到它特有的清香。

丝瓜性味甘平，有清暑凉血、解毒通便、去风化痰、润肌美容、通经络、行血脉、下乳汁等功效，其络、籽、藤、叶均可入药。丝瓜的瓜络常用于治疗气血阻滞的胸肋疼痛、乳痈肿痛症。丝瓜藤常用于通筋活络、去痰镇咳。丝瓜籽则可用于治疗月经不调、乳汁不通、腰痛不止、食积黄疸等症。丝瓜根也能用于消炎杀菌、祛腐生肌。因此，丝瓜堪称浑身皆宝。

二、植物学特性

1. 根

丝瓜是一年生攀缘性草本植物，根系发达，吸收肥水能力强，主根入土可达 1m 以上。

2. 茎

茎蔓生，呈五棱形，绿色，分枝力强，每节有卷须，瓜蔓善攀缘，主蔓长达 15m 以上。

3. 叶

叶片呈掌状或心脏形，浓绿色。

4. 花

花黄色，雌雄异花同株。

5. 果

瓜呈圆柱形，果实长短因品种而异，有的品种长仅 20～26cm，有的品种长可达 1.5～2m。嫩瓜有茸毛，皮光滑，瓜皮呈绿色，瓜肉淡绿色或白色；老熟后纤维发达。

6. 种子

种子黑色，椭圆形，扁而光滑或有络纹，千粒重 90～100g。

三、对环境的要求

1. 温度

在影响丝瓜生长发育的环境条件中，以温度最为敏感。掌握丝瓜对水、肥、土、温、湿等条件的要求及其生长发育的关系，是安排生长季节，获得高产的重要依据。丝瓜属耐热蔬菜，它有较强的耐热性，但不耐寒，生育期间要求高温。丝瓜种子在 20～25℃时发芽正常，在 30～35℃时发芽迅速。植株生长发育的适宜温度是白天 25～28℃，晚上 16～18℃，生长期适宜的日平均温度为 18～25℃，15℃以下生长缓慢，1℃以下停止生长。

2. 光照

光是绿色植物生长发育的必需条件之一，在生育过程中，丝瓜对光照时间的长短、光线的强弱、光照的变化等都是很敏感的，它直接影响丝瓜的质量、品质和结瓜的迟早。

丝瓜是短日照作物，比较耐阴，但不喜欢日照时间太长，每天的日照时数最好不超过12h，这与它起源于亚热带地区有关。抽蔓期以前需要短日照和稍高温度，有利于茎叶生长和雌花分化；开花结果期营养生长和生殖生长并进，需要较长的光照，有利于促进营养生长和开花结果。

3. 水分

水分是蔬菜生长发育的重要条件。多数蔬菜植物组织的水分含量都很高，而嫩丝瓜含水量高达94%～95%。丝瓜性喜潮湿，它耐温、耐涝，不耐干旱。要求较高的土壤湿度，土壤的相对含水量达65%～85%时生长得最好。丝瓜要求中等偏高的空气湿度，丝瓜旺盛生长所需的最小空气湿度不能少于55%，适宜湿度为75%～85%，空气湿度短时期达饱和仍能正常生长。

4. 土壤养分

丝瓜适应性较强，在各种土壤都可栽培，但以土质疏松，有机质含量高，通气良好的壤土和沙壤土栽培最好。丝瓜生长周期长，根系发达，喜欢高肥力的土壤和较高的施肥量，特别对氮、磷、钾肥需求较多，尤其在花果盛期，对磷钾肥需要更多。所以，在大棚栽培时，基肥要多施有机肥和磷、钾肥，氮肥不宜施的过多，以防引起植株徒长，延迟开花结果和化瓜。

四、栽培技术要点

1. 育苗技术

（1）确定适宜播种期。丝瓜从播种到收商品嫩瓜所用天数多少因品种熟性而异，一般早熟和早中熟品种为90d左右，晚中熟和晚熟品种110d左右。要使日光温室丝瓜于12月下旬开始采收嫩瓜，元旦至春节期间能大量供应市场，其适宜的播种期，早熟和早中熟品种如北京棒丝瓜、济南棱丝瓜、广东八棱丝瓜、南京丝瓜（蛇形丝瓜）等，应于9月下旬播种；中晚熟和晚熟品种，如武汉白玉霜丝瓜、四川线丝瓜、夏棠1号丝瓜等应于8月上旬播种，如果于10月下旬播种，即使采用早熟品种，到春节时刚进入采收嫩瓜期，因产量少，不能大量商品嫩瓜上市，经济效益比早播品种的低。丝瓜生产要达到高产高效益，必须确定适宜的播种期。

（2）种子处理。为防止丝瓜种子带菌，提高发芽整齐度，播种前一定要搞好种子处理。一是晒种，晒种可促进种子后熟，有利于发芽。一般浸种之前晒种1～2d；二是种子消毒，可用50%多菌灵500倍液浸种1h，然后用清水洗净；三是浸种催芽，方法是将选好的种子放入60～80℃的水中，不断搅拌，当水温降到常温时，再用清水浸泡24h，洗去种子表面的胶状物，待种子充分吸水后取出，用洁净的纱布包裹，外包一层塑料薄膜，置于25～30℃温度下保温催芽，24～48h后大部分种子就能露白，露白后即可进行播种。

（3）播种育苗。丝瓜虽然喜湿耐涝，但苗期是它一生中耐涝最弱的阶段。因此，育苗床应设置在冬暖大棚内或距大棚近的地势较高的地方。先将建苗床的地方整平地面，撒上0.3～0.5cm厚的细炉渣灰（过筛），然后用营养土做成高8～10cm、宽1.5～2m，长根据育苗面积需要的长度确定，苗床以南北向为宜。在播种前3～4h将苗床灌足水，使其达到饱和状态，使床土沉实。水渗完后约1h，趁床土湿度大时用小刀将苗床营养土层划割为10cm见方的营养土块。划割的缝隙里要撒填上细灰炉或细干沙，使营养土方块互不连接，将来易带土块取苗和减轻伤根。点种前先将事先兑好的灭菌药土（与黄瓜育苗使用的药土相同）少部分撒于每个营养块中间，然后每个营养块中间点种3粒。部分床面点完种后，即可于床面撒盖其余的药土，种子上面覆盖药土厚度一般0.2～0.3cm。全苗床播种撒盖药土后，再覆细土2～2.5cm厚。防止覆土太薄，因播种浅易发生落干现象或幼苗戴帽（带种壳出苗）。也不可覆土过厚，否则因播种过深，出苗慢而不齐。若非自根苗丝瓜，而是嫁接育苗，其苗床设置与黄瓜嫁接育苗的苗床设置相同。也可直接使用穴盘基质育亩。

（4）苗床管理。在播种前苗床灌足水的情况下，播种后不必洒水，靠底墒即可把覆土润湿。丝瓜育苗期因外界气温较高，无须覆盖地膜增加地温，但需要设小拱棚保护。小拱棚保护的主要好处是：便于人为地调节控制苗床的光照、温度和空气湿度，使苗床环境条件适于幼苗健壮生长，促进花芽提早分化和多形成雌花；可避免因风雨侵袭苗床而感染细菌和真菌性病害；还可于拱棚的两头通风口设置纱网，防止白粉虱等害虫侵入苗床为害，避免传染病毒病。播种后一般6～8d出苗，此期要使小拱棚内的温度控制在白天25～30℃，夜间16～20℃。为保持温度和苗床湿润，一般通风时间较短，通风次数较少。从出苗到2片展开真叶加1片心叶时定植，需30d左右。此期虽然植株地上部分生长缓慢，但地下部分生长较快，到2片真叶期，主根长达61cm，侧根长达12cm，单侧根数达29条左右。此期是形成前期产量的花芽分化和形成雌花期。所以此期的管理技术水平，关系到结瓜早晚和前期产量的高低。为促进花芽分化和多形成雌花，要特别注意光照时间和昼夜温度的调节。要通过小拱棚遮光，使光照时间保持在8～9h，最长不可超过10h。苗床温度控制在昼温23～28℃，日温差10℃左右。保持土壤湿润，以有利于花芽加速分化和雌花形成。同时注意及时通风降温，防止光照时间长和床温过高而造成幼苗徒长。

要求幼苗墩壮。

定植前3～4d要浇足苗床水，以便于定植取苗时带土坨完整和减轻伤根。

2. 定植

（1）定植的苗龄。丝瓜苗期根系发育快，定植的苗，苗龄期越长，伤根越重。适宜定植的苗龄为2片展开真叶加1片心叶。苗龄期38d左右。

（2）定植前的整地施基肥。丝瓜主根入土较深，侧根多分布于10～30cm土层，又喜有机肥料，所以定植前大棚内要深翻地晒土，熟化土壤，重施基肥。一般翻地30～40cm深，亩施充分发酵腐熟的鸡粪2 000～3 000kg、猪马圈肥4 000～5 000kg和过磷酸钙80～100kg、草木灰100～150kg。结合深翻把肥料施入整个耕作层，使肥力充足，耕层疏松。

（3）喷药和高温闷棚，灭菌消毒。在定植日期之前12～15d施肥深翻地后，随即对棚内空间的所有面喷药灭菌，然后密封大棚，高温闷棚消毒5～6d，晴天中午后棚内温度可达60～70℃。

（4）起垄、开穴定植。日光温室大棚内反季栽培丝瓜，其密度一般比露地栽培的大，且因栽培方式不同，行、株距有异。兰陵县冬暖型日光温室，内设置着拴吊架的东西向拉紧铁丝，故应采取吊架栽培。多采取180cm宽的南北向起垄，每垄定植两行，小行距在垄背，60～70cm；大行距跨垄沟，110～120cm（垄沟宽40～50cm）。平均行距90cm，株距37～50cm，亩密度1 500～2 000株。垄面呈弓形，垄沟至垄面的垂直高度20cm上下。取苗时力求带土坨完整，以减轻伤根。定植时大穴，每穴施充分发酵腐熟的豆饼100g左右，并使其与穴内土壤充分混合均匀，然后栽苗，留穴窝，浇水后再全封穴，使土埋苗坨而不埋子叶。全棚定植完毕，覆盖幅宽1.8～2m的地膜（覆地膜方法同黄瓜育苗一样），然后于膜下沟内浇足定植水。

3. 定植后的管理

（1）幼苗期的管理。越冬丝瓜栽培，定植后处在较寒冷的季节，温度低是影响缓苗的重要因素。因此，在管理上，要重点加强温度管理，以提高棚温。在定植后的10～15d内，可使昼温保持在30～35℃，此期一般不通风或通小风，创造高温高湿条件，以利缓苗。如晴天中午前后棚温过高幼苗出现萎蔫时，可盖花苫遮阴。幼苗期一般不浇水，垄间要中耕保墒增温。缓苗后，昼温需降到25～30℃，夜温保持在15～20℃，不要低于12℃。

（2）开花坐瓜期的管理。定植后，壮苗，55d左右第1朵雌花即可开放。从开花至商品瓜采收期需10～15d。在管理上主攻目标是促进植株稳发壮大，搭好高产骨架，提高坐果率，防止落花落果。在栽培措施上，一是加强棚温调控，使棚温白天保持在25～30℃，若超过32℃可进行适当通风换气。夜间要加强保温，加盖草苫，使棚内温度维持在16～20℃，最低不低于12℃，如果温度持续高于35℃或低于12℃以下，将会引起落花或出现畸形果；二是整枝吊蔓和肥水管理，丝瓜茎叶生长旺盛，需进行植株调整。为了充分利用棚内空间，多采用"S"形吊蔓方式，蔓长50cm时开始扯绳吊蔓，每棵一绳。丝瓜一生中应用主蔓结瓜，侧蔓及时去掉，以防消耗养分。在肥水管理上，在根瓜坐住之前一般不浇水，应多进行中耕保墒，如遇干旱，可浇小水，以防水分过多造成植株徒长，导致落花、化瓜。根瓜坐住后，要加强肥水管理，追肥浇水。结合浇水亩施尿素10～15kg、硫酸钾10kg；三是提高坐瓜率，影响坐瓜率的因素很多，除花器自己构造缺陷和短柱花以外，持续高温、低温、阴雨及病虫危害，都可以引起授粉受精不良，而造成落花。

（3）结瓜盛期的管理。根瓜采摘之后，丝瓜进入结瓜盛期，此期丝瓜生长量大，结瓜数量增加，不仅要求有充足的肥水，而且要有充足的光照和适宜的温度。在管理过程中具体落实以下措施：一是肥水管理。丝瓜根系发达，茎叶茂盛，生长期长，结瓜多，整个生长期内需肥量较大，特别是开花后，丝瓜生长需要大量的有机养分，生殖生长进入旺盛时期，需肥量很大，应及时追肥。追肥可结合每10d左右浇1次水进行，追肥时把全元素复合肥顺水冲施，同时可进行1～2次叶面喷肥。二是温度管理。丝瓜性喜高温，结瓜期间，应控制夜间温度不低于15℃，白天温度不超过32℃为宜。三是光照管理。光照是大棚热量的主要来源，也是光合作用不可替代的能量源泉，改善光照条件是夺取高产的重要措施。在此期间要坚持早揭草苫，争取每天有较长的光照时间，注意阴天要及时揭苫，争取多采一些散射光。在棚膜覆盖的整个期间，要经常擦拭薄膜上的灰尘，以提高透光率。尽量减少棚膜上的水滴，保持无滴膜的透性。可通过选用无滴膜、棚膜防水剂，以及覆盖地膜、灌水后及时排湿，降低大棚湿度等措施，来改善大棚的光照条件。四是整枝摘老叶。在盛瓜期，植株封垄，田间郁蔽，因老叶已失去光合作用，而易感病，为加强内部的通风，要及时摘除植株下部变黄老叶。

（4）采收。丝瓜采收太早影响产量，过迟纤维硬化，品质下降，还会影响后面幼瓜的生长，同样降低产量。采收时宜用剪刀剪下，整齐地摆放在纸箱内或装筐待售。

日光温室西葫芦栽培技术

一、概述

西葫芦属葫芦科南瓜属，为一年生草本植物。其原产地为北美洲南部地区，故又称美洲南瓜。

西葫芦抗逆性和适应性强，对温度和光照等条件的要求比黄瓜低，病虫害较少，栽培管理技术也较为简单，其产品便于运输和储藏，收获供应期也较长，在我国大部分地区均可种植。

西葫芦主要以嫩果供食用。嫩果中葡萄糖和淀粉含量较高，另外还含有维生素A、B族维生素、维生素C、脂肪、粗纤维和许多矿物质等，营养价值较高。鲜瓜可炒食或做馅，鲜美可口。老熟种子可加工成干香食品。

二、植物学特征

1. 根

西葫芦根系发达，分布范围广。主根生长速度快，每日纵深生长可达2.5cm。直播时主根深入土中可达2m左右。对水肥吸收能力强，较耐瘠薄土壤条件。一般早熟品种比中晚熟品种长势弱。育苗移栽时，主根被切断，促使侧根近水平横向生长，生长量每日可达6cm，且侧根数量多。根群主要分布在10～30cm的耕作层中，但主根纵深生长受到限制，水肥吸收能力相对减弱，因此，采用育苗移植栽培时，尤其是选用早熟品种栽培时，需要加强水肥管理，才能获得高产。

2. 茎

西葫芦茎蔓生。茎五棱形，质地硬，生有茸毛。根据茎的生长特点，可分为矮生、半蔓生和蔓生3种类型。多数品种主蔓生长旺盛，侧蔓少而长势弱。

长蔓类型多为晚熟品种，其蔓长可达数米，抗热，但耐寒性差。半蔓生类型多为中熟品种，蔓长 0.5～1.0m。矮生类型多为早熟品种，蔓长 0.3～0.5m，节间甚短，植株呈丛生状态，耐寒性强，但不抗热。

3. 叶

西葫芦叶片为单生。矮生类型品种茎蔓上叶片密集互生。叶片较大，叶形掌状深裂，叶面粗糙多刺。叶柄长而中空，易受机械损伤而折断。

4. 花

西葫芦的花为单性，雌雄同株，着生于叶腋处。花冠钟状五裂，黄色。雌花柱头三裂，子房下位，子房明显膨大，雌、雄花极易区别。

5. 果实

西葫芦果实圆筒形或长圆形，皮色深绿、墨绿或白、绿相间等。果实形状、大小及皮色因品种而异。果梗硬、木质多、五棱形、有浅纵沟，果实连接处稍扩大，呈星状。

6. 种子

西葫芦种子为白色或淡黄色，扁平，长卵形，种皮光滑。每瓜可结种子 300～400 粒，每 50g 种子有 250～400 粒。种子寿命一般 4～5 年，生产上可利用的年限为 2～3 年。

三、对环境的要求

1. 温度

西葫芦较耐寒而不耐高温。种子发芽温度需要在 13℃以上，适宜温度为 25～28℃，30～35℃时种子发芽很快，但芽细而弱。生长发育适宜温度为 18～25℃。开花坐瓜期适宜温度为 22～25℃，15℃以下生长缓慢，且授粉受精不良，温度高于 30℃对生长有抑制作用，且易于发生病毒病和白粉病等，低于 8℃或高于 40℃则生长停止。根系伸长最低温度为 6℃，最高为 38℃；根毛发生温度 12～38℃。栽培期间，适当降低夜间温度对于促进雌花的形成和果实发育都是非常有利的。

2. 光照

西葫芦属短日照植物。在短日照条件下，有利于雌花的分化，第 1 雌花节位低，雌花数多。长日照条件则有利于茎叶生长和雄花的分化。第 1～2 片真叶展开期是西葫芦对日照长短最敏感的时期，其敏感程度因类型和品种而异。矮生型品种对日照长短反应迟钝，而长蔓型品种则比较敏感。西葫芦对光照强度要求较高。光照良好，植株所形成的雌花子房大而开花早，果实发育快。光照不足，植株易徒长，叶色淡，叶柄长，叶片薄，易于化瓜。

3. 水分

虽然西葫芦根系发达，吸水能力较强，但由于叶片生长量大，蒸腾失水多，因此对土壤湿度要求较高。不同的生长阶段，植株对土壤湿度要求也不同。开花坐瓜以前，植株需水量较少，定植初期浇水过多，容易造成"疯秧"而减产。进入开花结瓜期后，对土壤水分需要量迅速增加，应注意浇水，使土壤湿度保持在70%～80%。后期高温缺水，易于发生病毒病，但浇水过多，尤其是采用保护地栽培时，又易发生白粉病，因此，生产上应注意水分调节。

4. 土壤养分

西葫芦对土质要求不严，沙土、壤土和黏土均可栽培。但土层深厚、疏松肥沃的壤土保持水分和养分较好，有利于根系发育，容易获得高产。沙性土壤，土温回升快，利于根系发育和缓苗。早春栽培有利于提早上市。适宜的土壤酸碱度为 pH 值 5.5～6.8。

四、栽培技术要点

1. 适用范围

适用于日光温室栽培条件下越冬茬西葫芦栽培。

2. 品种选择

宜选择早熟、短蔓类型的品种。

3. 育苗

（1）苗床准备。在大棚内建苗床，苗床为平畦，宽1.2m、深10cm。育苗用营养土可用肥沃大田土6份，腐熟圈肥4份，混合过筛。每立方米营养土加腐熟捣细的鸡粪15kg、过磷酸钙2kg、草木灰10kg（或氮、磷、钾复合肥3kg）、50%多菌灵可湿性粉剂80g，充分混合均匀。将配制好的营养土装入营养钵或纸袋中。装土后营养钵密排在苗床上。

（2）播种期。越冬茬西葫芦播种期为10月上、中旬。

（3）种子处理。每亩需种子400～500g。播种前将西葫芦种子在阳光下晒几小时并精选。在容器中放入50～55℃的温水，将种子投入水中后不断搅拌，待水温降至30℃时停止搅拌，浸泡3～4h。浸种后将种子从水中取出，摊开，晾10min，再用洁净湿布包好，置于28～30℃下催芽，经1～2d可出芽。

（4）播种。70%以上种子出芽时即可播种。播种时先将营养钵（或苗床）灌透水，水渗下后，每个营养钵中播 1～2 粒种子。播完后覆土 1.5～2.0cm 厚。再在覆土上喷洒 50% 辛硫磷乳油 800 倍液，防治地下害虫。

（5）苗床管理。播种后，床面盖好地膜，并扣小拱棚。出土前苗床气温，白天 28～30℃，夜间 16～20℃，促进出苗。幼苗出土时，揭去床面地膜。出土后至第 1 片真叶展开，苗床白天气温 20～25℃，夜间 13～15℃。第 1 片真叶形成后，白天保持 22～26℃，夜间 13～16℃。

苗期干旱可浇小水，一般不追肥，但在叶片发黄时可进行叶面追肥。定植前 5d，逐渐加大通风量，白天 20℃ 左右，夜间 10℃ 左右，降温炼苗。

（6）壮苗标准。茎粗壮，节间短，叶色浓绿，有光泽，叶柄较短，根系完整，三叶一心，株型紧凑，苗龄 30d 左右。

4. 定植

（1）整地、施肥、作垄。每亩施用腐熟的优质圈肥 5～6m³、鸡粪 2 000～3 000kg、磷酸二铵 50kg，还可增施饼肥，每亩 150kg。将肥料均匀撒于地面，深翻 30cm，耙平地面。施肥后，于 9 月下旬至 10 月上旬扣好塑料薄膜。定植前 15～20d，用 45% 百菌清烟剂每亩 1kg 熏烟，严密封闭大棚进行高温闷棚消毒 10d 左右。

起垄种植，种植方式有两种：一种方式是大小行种植，大行 80cm，小行 50cm，株距 45～50cm，每亩 2 000～2 300 株；另一种方式是等行距种植，行距 60cm，株距 50cm，每亩栽植 2 200 株。按种植行距起垄，垄高 15～20cm。

（2）定植。仔细从苗床起苗，在垄中间按株距要求开沟或开穴，先放苗并埋入少量土固定根系，然后浇水，水渗下后覆土并压实。定植后及时覆盖地膜，栽培垄及垄沟全部用地膜覆盖。

5. 定植后管理

（1）温度调控。缓苗阶段不通风，密闭以提高温度，促使早生根，早缓苗。白天棚温应保持在 25～30℃，夜间 18～20℃。晴天中午棚温超过 30℃ 时，可利用顶窗少量通风。缓苗后白天棚温控制在 20～25℃，夜间 12～15℃，促进植株根系发育，有利于雌花分化和早坐瓜。坐瓜后，白天提高温度至 22～26℃，夜间 15℃，最低不低于 10℃，加大昼夜温差，有利于营养积累和瓜的膨大。

温度的调控主要是按时揭盖草苫、及时通风等。深冬季节，白天要充分利用阳光增温，夜间增加覆盖保温，在覆盖草苫后再盖一层塑料薄膜。清晨揭苫后及时擦净薄膜上的碎草、尘土，增加透光率。还可在后立柱处张挂镀铝反光幕以增加棚内后部的光照。

2月中旬以后，西葫芦处于采瓜的中后期，随着温度的升高和光照强度的增加，要做好通风降温工作。根据天气情况等灵活掌握通风口的大小和通风时间的长短。原则上随着温度升高要逐渐加大通风量延长通风时间。进入4月下旬以后，利用天窗、后窗及前立窗进行大通风，使棚温不高于30℃。

（2）植株调整。

①吊蔓：对半蔓性品种，在植株有8片叶以上时要进行吊蔓与绑蔓。田间植株的生长往往高矮不一，要进行整蔓，扶弱抑强，使植株高矮一致，互不遮光。吊蔓、绑蔓时还要随时摘除主蔓上形成的侧芽。

②落蔓：瓜蔓高度接近棚顶前，随着下部果实的采收要及时落蔓，使植株及叶片分布均匀。落蔓时要摘除下部的老叶、黄叶。去老黄叶时，切口要离主蔓远一些，防止病菌从伤口处侵染。

③保果：冬春季节气温低，传粉昆虫少，西葫芦无单性结实习性，常因授粉不良而造成落花或化瓜，必须进行人工授粉或用防落素等激素处理才能保证坐瓜。方法是在9:00—10:00，摘取当日开放的雄花，去掉花冠，在雌花柱头上轻轻涂抹。还可用30～40mg/kg的防落素等溶液涂抹初开的雌花花柄。

（3）肥水管理。定植后根据墒情浇1次缓苗水，促进缓苗。缓苗后到根瓜坐住前要控制浇水。当根瓜长达10cm左右时浇1次水，并随水每亩追施磷酸二铵20kg或氮、磷、钾复合肥25kg。深冬期间，15～20d浇1次水，浇水量不宜过大，并采取膜下浇暗水。每浇2次水可追肥1次，随水每亩冲施氮、磷、钾复合肥10～15kg，要选择晴天上午浇水，避免在阴雪天前浇水。浇水后在棚温上升到28℃时，开通风口排湿。如遇阴雪天或棚内湿度较大时，可用粉尘剂或烟雾剂防治病害。

2月中、下旬以后，每采收一茬瓜，即间隔10～12d，浇1次水，每次随水每亩追施氮、磷、钾复合肥15kg或腐熟人粪尿、鸡粪300kg。植株生长后期叶面可喷施光合微肥、叶面宝等。

（4）二氧化碳施肥。冬春季节因温度低，通风少，若有机肥施用不足，易发生二氧化碳亏缺，可进行二氧化碳施肥，以满足光合作用需要。常用碳酸氢加硫酸反应法，碳酸氢的用量，深冬季节每平方米3～5g，2月中、下旬后每平方米5～7g，使室内二氧化碳的浓度达到1 000mg/kg左右。

6. 病虫害防治

保护地西葫芦的主要病害是病毒病、白粉病、灰霉病；主要虫害是蚜虫、白粉虱等。在病虫害化学防治中，要选用高效、低毒、低残留农药，并严格遵循用药间隔期。

病毒病：及时防治蚜虫、白粉虱等，减少害虫对病毒的传播。发病初期可选喷 20%吗胍·乙酸铜可湿性粉剂 500 倍液或 10%吡虫啉可湿性粉剂 2 000 倍液，每 10d 1 次，连续防治 3～4 次。

白粉病：发病初期用 70%甲基硫菌灵可湿性粉剂 1 000 倍液或 25%三唑酮可湿性粉剂 1 000 倍液交替使用，隔 5～7d 1 次，共喷 3～4 次。

灰霉病：发病初期用 25%三唑酮可湿性粉剂 1 000 倍液或 70%甲基托布津可湿性粉剂 800 倍液交替使用，隔 5～7d 1 次，共喷 3～4 次。

蚜虫：可选用 10%吡虫啉可湿性粉剂 2 000 倍液，每 7～10d 喷雾 1 次，连喷 2 次。

白粉虱：利用黄板诱杀；25%噻嗪酮可湿性粉剂 1 000 倍液。

7. 采收

西葫芦以食用嫩瓜为主，开花后 10～12d，根瓜达到 250g 采收，采收过晚会影响第二瓜的生长，有时还会造成化瓜。长势旺的植株适当多留瓜、留大瓜；徒长的植株适当晚采瓜；长势弱的植株应少留瓜、早采瓜。采摘时要注意不要损伤植株和幼瓜。

拱棚辣椒栽培技术

一、概述

辣椒起源于南美洲热带草原区，是我国南北地区重要蔬菜之一，明朝末年传入我国。我国关于辣椒的记载始于明代高濂撰写的《遵生八笺》一书，其中有"番椒丛生，白花，果俨似秃笔头，味辣，色红，甚可观"的描述。辣椒包括毛辣椒、长柄辣椒、木本辣椒、一年生辣椒4个种。目前栽培的辣椒属于一年生辣椒这个种。辣椒在山东省各地均有栽培，根据栽培方式和食用方法的不同，常分为"菜椒"和"辣椒干"两类。菜椒又有甜椒、半辣甜椒和辣椒之分。辣椒含有丰富的营养成分，如胡萝卜素、维生素C、糖类和矿物质等。辣椒中特有的物质是辣椒素，具辛辣味，少量食用可以帮助消化，增进食欲，是很好的调味品。每100g鲜果含水分70～93g，淀粉4.2g，蛋白质1.2～2.0g，维生素C 73～342mg；干辣椒则富含维生素A。甜椒可以生食、炒食或腌制，味道清鲜，别具风味。

二、植物学特性

1. 根

辣椒的根系不发达，根量少，入土浅，茎基部不易生不定根。主根长出后分杈，称一级侧根，一级侧根再分杈，形成二级侧根，如此不断分杈，形成根系。

根的作用：一是从土壤中吸收水分及矿质营养。辣椒植株的生长及果实形成所需的大量水分及矿质营养，都是由根从土壤中吸收而来；二是合成氨基酸。根系合成的氨基酸，由根系输送到地上部分。另外，根还有固定植株、支持主茎不倒伏的作用。

主根上粗下细，一般入土 40～50cm，在育苗条件下，主根被切断，主要根群仅分布在土表 10～15cm 的土层内。主根深一般为 25～30cm，随主根的生长，不断形成侧根，侧根发生早而多，主要分布在 5～20cm 深处，侧根一般长 30～40cm。

2. 茎

茎直立，基部木质化，较坚韧，腋芽萌发力弱，株冠较小，适于密植。主茎长到一定叶片后，茎端出现花芽，以双杈或三杈分枝继续生长。在夜温低、生育缓慢、幼苗营养状态良好时，分化成三杈分枝。反之，以双杈较多。均匀而强壮的分枝，是辣椒丰产的前提。前期的分枝主要在幼苗期形成，后期分枝则决定于定植后结果期的栽培条件。

3. 叶

辣椒的叶，分为子叶和真叶。幼苗出土后，最早出现的两片扁形的叶称子叶。子叶是辣椒初期的同化器官。子叶开始时呈浅黄色，以后逐渐变成绿色。子叶生长的好坏取决于种子本身的质量和栽培条件。种子发育不充实，子叶瘦弱；土壤水分不足，子叶卷曲不舒展；土壤水分过多或光照不足，子叶发黄。因此，幼苗是否健壮，可从子叶的生长状况来判断。

子叶以后生出的叶称真叶。真叶为单叶，互生，卵圆形或长卵圆形，先端尖，叶面光滑，微具光泽。一般北方栽培的品种绿色较浅。氮素充足，叶形长；钾素充足，叶幅较宽；氮肥过多或夜温过高时，叶柄长，先端嫩叶凹凸不平，低夜温时叶柄较短；土壤干燥时叶柄稍弯曲，叶身下垂；若土壤湿度过大则整个叶片下垂。

4. 花

辣椒的花为完全花（两性花），常异花授粉，虫媒花。开花后，白色的花冠能招引昆虫，异交率较高，多在 10% 以上，不同品种留种时应注意隔离，一般不少于 500m。无限分枝型多为单生花，果实多为下垂生长；有限分枝型多为簇生花，果实多朝天生长。徒长株，开花位置离先端远，枝叶层厚。

辣椒花小，白色或绿白色。花可分为花萼、花冠、雄蕊、雌蕊等部分。花萼为浅绿色，基部联合成钟形萼筒，先端 5～6 齿。花冠由 5～6 片分离的花瓣组成，基部合生。开花后 4～5d 花瓣随子房的生长而逐渐脱落。雄蕊由 5～6 个花药组成，围生于雌蕊外面，与雌蕊的柱头平齐或略低于柱头称为长柱花。辣椒花朝下开，花药成熟后散出花粉，落在靠近的柱头上授粉。另一种花柱头低于花药称短柱花，此种花授粉机会很少，通常几乎完全花，所以生产上应设法尽量减少短柱花的出现。雌蕊由柱头、花柱和子房组成。柱头上生有便于粘着花粉的刺状隆起。授粉条件适合时，花粉发芽，花粉管通过花柱到达子房受精，形成种子，与此同时果实也发育膨大。

5. 果实

辣椒果实为浆果，由子房发育而成为真果。果皮与胎座组织往往分离，形成较大的空腔。果实形状有扁柿形、长灯笼形、长羊角形、长锥形、短锥形、长指形、短指形等多种形状。细长形果多为 2 室，圆形或灯笼形果多为 3～4 室。辣椒果实从开花授粉至生物学成熟 50～60d，呈红色或黄色。红果中含有茄红素、叶黄素及胡萝卜素，黄果中主要含有胡萝卜素。绝大多数栽培品种在成熟过程中由绿直接转红，也有少数品种由绿变黄，再由黄变红。一株上的果实，由于成熟度不同而表现出绿、黄、红等各种颜色。在土壤干旱或植株感染病毒病时，抑制了水分吸收，果实变短。夜温过低时果实先端变尖。在高温条件下，如果土壤干燥，土温升高、多肥，水分及钙素吸收受阻，也易发生顶腐病。

果实内辣椒素的含量一般为 0.3%～0.4%，品种及栽培条件不同差异较大。

6. 种子

辣椒种子扁而平，浅黄色，肾脏形，千粒重 6～7g，使用年限 2～3 年。

三、对环境的要求

1. 温度

辣椒属喜温蔬菜，对温度的要求介于番茄和茄子之间。种子发芽适宜温度为 25～30℃，需要 4～5d，低于 15℃ 不能发芽。出芽后需稍降温以防幼苗徒长。白天 20～22℃，不能超过 25℃，夜温 15～18℃ 为宜。这样可使幼苗缓慢健壮生长，培育壮苗。辣椒幼苗要求较高的温度，温度低，光合作用弱，养分积累少，生长缓慢，这期间一般昼温 27℃ 左右，夜温 20℃ 左右。随着植株的生长，对温度的适应能力增强。开花结果初期，白天适温为 20～27℃，夜间适温为 15～20℃。低于 15℃，植株生长缓慢，难以授粉，易引起落花落果；高于 35℃，花器发育不良或柱头干枯不能受精而落花，即使受精，果实也不能正常发育而干萎。所以，高温伏天，当气温超过 35℃，辣椒往往不坐果。盛果期适当降低夜温有利于结果，即使降到 8～10℃，也能很好地生长发育。据观察，夏季结果期间，如果土壤温度过高，尤其是强光直射地面，对根系发育不利，严重时能使暴露的根系褐变死亡，且易诱发病毒病。果实发育和转色期要求温度25～30℃。因此冬天保护地栽培的辣椒常因温度过低而变红，生长很慢。不同品种对温度的要求有很大差异，一般大果型品种往往比小果型品种更不耐高温。

辣椒整个生长期间，温度12～35℃，适宜温差为10℃，即白天26～27℃，夜间15～16℃，低于12℃就要盖膜保温，超过35℃就要浇水降温。

2. 光照

辣椒对于光照的适应性较广，不像番茄、黄瓜那样敏感。一般来说，光照充足才能生长良好。但较其他茄果类、瓜类蔬菜耐弱光。其光饱和点为30 000lx，光补偿点为1 500lx。

辣椒对光照的要求，因各生育期要求不一而不同。种子在黑暗条件下容易发芽，在有光的条件下往往发芽不良，而幼苗生长则需要良好的光照条件。

3. 水分

辣椒既不耐旱，也不耐涝。单株需水量并不太多，但由于根系不太发达，需经常供给水分才能生长良好，特别是大果型品种，对水分要求更加严格。浇水及时适当，果肉长得厚，鲜嫩，产量增加。但是，盛果期灌水量也不宜过大，应保持地面见干见湿，辣椒田中积水数小时，植株就会萎蔫，严重时成片死亡，故大雨后一定要及时排水。

辣椒在各个生育期的需水量不同。种子发芽时，因种皮较厚，吸水慢，所以催芽前要先浸泡种子，使其充分吸水，促进发芽。幼苗期植株小，需水不多，此时又值低温季节，如果土壤水分过多，反而会使根系生育不良，植株徒长细弱。移栽后，植株生长量大，需水量随之增加，但尚需适当控制水分，以控制地上部枝叶的徒长，促进地下部根系的伸展发育。初花期，需水量增加，特别是果实膨大期更需要充足的水分。如果水分供应不足，果实膨大慢，果面皱缩、色暗，降低质量和产量。所以，在此期间供给足够的水分，是获得优质高产的重要措施。

空气的湿度也直接影响辣椒茎叶生长和坐果率。一般在空气相对湿度为60%～80%时辣椒生长良好，坐果率较高；如湿度过高，不利于授粉受精，引起落花并容易发生病害。

4. 土壤养分

土壤是辣椒生长的基础，直接影响植株生长的好坏以及产量的高低。辣椒适于在中性或微酸性土壤（pH值5.6～6.8）中栽培。

辣椒的生长需要充足的养分，对氮、磷、钾要求较高。从辣椒的一生看，对氮、钾需要量大，需磷较少，氮、磷、钾的搭配比例为1∶0.5∶1，在不同生长发育时期，需肥的种类和比例也有差别，辣椒幼苗期因植株幼小，吸收养分极少，但肥质要好。同时，辣椒在幼苗期就开始进行花芽分化，氮、磷肥对幼苗的发育和花的形成都有显著影响。磷不足，幼苗发育不良，花的形成迟缓，生成的花数也少，并极易形成不能结实的短柱花。初花期应避免施用过多的氮肥，应适当供给氮、磷肥，以促进根系的发育。盛果期是氮、磷、钾肥需求量最多的时期，氮、磷、钾的吸收量分别占各自吸收总量的57%、61%、69%以上。

四、栽培技术要点

1. 品种

选用优质、高产、抗病、抗逆性强、适应性广、商品性好的品种。种子质量符合国家标准要求，不得使用转基因品种。

2. 整地施肥

（1）清理田地。上茬作物收获后，及时清除植株残体，并带出田外集中处理，以降低有害生物基数。

（2）整地施肥。整地要求平、细、净，深翻25～30cm，结合整地每亩施充分腐熟的优质有机肥4 000～6 000kg、磷酸二铵20～25kg、硫酸钾10～15kg。

（3）作畦。采用高畦栽培，以利于灌溉和管理。采取大小行栽培，大行行距70～80cm，小行行距45～55cm。

3. 育苗

（1）种子质量。纯度≥95%，净度≥98%，发芽率≥85%，水分≤7%。

（2）播期。兰陵冬春拱棚辣椒栽培，播种期为10月中、下旬。

（3）播前准备。

①种子处理：辣椒的种子适合于55℃的温水浸种。方法是先将种子用30℃的水浸泡一下，把漂在水面上的秕籽淘汰；再把饱满的种子放入盛50～60℃温水的容器内（2份开水兑1份凉水），水量应为种子的5倍，并不断搅拌，在搅拌时如水温不足50℃，可酌量增加热水，保持50～60℃浸泡10min；自然降温或加凉水降温到30℃左右，继续浸泡4h，将种子从水中捞出后，稍微晾一下，再用湿布包好，放在25～30℃的条件下催芽。

②催芽：因辣椒种子发芽对氧的要求较高，催芽时一般每天可用清水淘洗1次，稍晾后包好继续催芽。包裹不要过严或在种子里掺入相当于种子量3～4

倍的湿沙。一般在 25～30℃的条件下 4～5d 即可发芽。

③培育无病虫适龄壮苗：

育苗场地，育苗场地应与生产田隔离，用温室、阳畦、温床育苗。

营养土的配制，用 4 份充分腐熟的优质有机肥和 6 份 3～5 年内未种植过茄科作物的园土或大田土混合后过筛，过筛后每立方米加三元复合肥（15-15-15）3kg；集约化穴盘育苗可选用商品基质。营养土消毒，每立方米营养土用 50%多菌灵可湿性粉剂 80g。

苗期管理，适当放风炼苗，防止徒长；及时防治苗期病虫害；发现病弱苗及时拔除。由于辣椒植株易木质化，所以在育苗过程中可适当少蹲苗或不蹲苗。

壮苗标准，株高 15cm，茎粗 0.4cm 以上，8～10 片真叶，叶色浓绿、叶片肥厚，90%以上的秧苗现蕾，根系发育良好、无锈根，无病虫害和机械损伤。

4. 定植

（1）棚室消毒。每亩棚室用硫黄粉 0.25～0.5kg、百菌清烟剂 30g，拌上锯末分堆点燃，然后密闭熏蒸 1 昼夜再放风，无味时使用。

（2）设防虫网防虫。大棚通风口用防虫网（30～40 目为宜）密封，防止害虫迁入。

（3）适时定植。选择晴天上午定植，采用暗水栽苗法。先开穴、浇水、放苗、覆土，冬春茬要盖地膜。栽植深度以叶子节处为宜，不宜深栽。保持棚室内畦面平整，做到上干不湿，表土疏松。行距 50～60cm、株距 25～35cm 定植，每亩定植 5 000～6 000 株。

5. 田间管理

（1）缓苗期。定植后 5～6d 为缓苗期。此期温度较低，同时定植时浇水等，使地温下降很多，如遇阴雪天温度更低。管理的重点是保持高温、高湿的环境条件，以促使迅速缓苗。因此要做好以下工作。

保持高温、高湿环境，促进迅速缓苗。一般定植后 1 周内，温室要密闭不通风，而且草苫应在日出后适时拉起，下午适当提早盖苫，保持高温高湿的环境。温度保持在 30℃或稍高为最好。若温度高于 35℃，秧苗发生萎蔫也不要放风（凉风一吹，秧苗缓苗更困难），可盖草苫遮阴降温，恢复后再拉起。

浇缓苗水、施缓苗肥。缓苗后（植株恢复生长、抽出新叶），一般浇 1 次缓苗水，水最好是温水，从膜下浅沟中浇。结合浇水施 1 次缓苗肥，每亩追施尿素 5kg 或硫酸铵 10kg，要随水冲施。定植初每天在叶面进行喷雾可促进缓苗，如用

0.4%的磷酸二氢钾进行叶面喷肥，还有利于发根，比单纯喷水效果更好。

（2）缓苗后至坐果期。具体要做好以下工作。

①温度管理：缓苗以后要适当降低温度，白天为25～30℃，夜间15～20℃，30℃左右的高温在一天当中不宜超过3h，否则会影响坐果，果实发育不良。中午以前为25～28℃，使辣椒的光合作用迅速进行，中午以后应将室内温度提高到28～30℃，以利土壤蓄热；夜间温度应由23～20℃缓降到18℃（自盖苫后到22:00），以促使光合产物的运转，至次日揭苫时最低温度以15℃为限（特殊时期可能出现10℃）。如夜间最低温度低于15℃，会减少开花数，降低坐果率，增多畸形果，此外对次日的光合作用也有一定影响。

②肥水管理：辣椒苗期需肥量不大，基肥的肥量足以能满足门椒坐果之前的需要，同时为防止植株徒长、落花落果，此期内不浇水、追肥，进行蹲苗。

③光照调节及草苫拉放：要经常清扫膜面，加大其透光性，棚内设有保温幕时，应及时收拢以增加光照，草苫要早盖晚拉，以提高棚内温度做到高温养苗。

（3）结果前期。从门椒坐果到门椒采收。此期不仅植株不断形成新枝、叶，还陆续开花结实。此时天气逐渐转暖，温度回升，光照逐渐增强，但仍然略显不足。管理的重点是：加强肥水管理，促进果实的膨大生长，防止落花落果，同时要创造良好的营养条件，促进茎叶生长，促其早发棵，发大棵，奠定丰产基础。因此要做好以下管理工作。

①温度管理：外界气温逐渐回升，随着天气的转暖要逐渐加大通风量，降温降湿以防落花落果，白天温度保持在20～25℃，夜间15℃以上。通风适宜则植株生长矮壮，节间短，坐果也多。当然还要做好防寒保温工作，防止"倒春寒"造成不必要的损失。

②加强肥水管理：此期是肥水的关键时期，要供给大肥大水，促进果实的膨大生长、新枝形成和陆续开花结实。一般门椒（果实长3cm左右）开始膨大生长时，选晴暖天气结束蹲苗，浇1次大水。最好是从膜下垄沟浇水。此后根据植株生长情况和天气变化，小水勤浇，经常保持地面湿润状态。

结合蹲苗后浇水进行第1次追肥，可随水浇灌腐熟粪稀2 000kg左右、硫酸铵25kg和钾肥（硫酸钾或氯化钾）8～10kg或复合肥50kg。从坐果开始根据植株生长情况进行叶面喷肥，可很好地促进果实的膨大生长和调节植株生长势。在植株正常情况下，叶面喷施0.1%尿素和0.2%～0.3%的磷酸二氢钾混合液；如植株生长过旺，只喷施0.2%～0.3%的磷酸二氢钾。此外还可进行二氧化碳施肥。补充二氧化碳可使叶面积增大，叶片增厚，提早开花和增加开花结果数、单果重，从而达到增产、增收的效果。施用方法是：于揭苫 30min 后即行施放，浓度为 1 000～1 200μL/L，晴天施放 2h，阴天不施放。当室内气温上升到 30℃ 以上时要进行通风。

③早采门椒：门椒应适期早收。辣椒采收期不严格，只要果实个头基本长足，适期早采，能节省营养，对茎叶生长和以后坐果均有利。

（4）结果盛期。四门斗椒进入迅速膨大采收期，上层果实也正陆续开花、坐果和膨大生长，植株还继续发生新枝、新叶，形成庞大的群体结构。此期温度升高，光照增强，有时高温已是生长的障碍。管理的重点是：继续加强肥水管理，促进果实的膨大生长；通过合理的植株调整，改善通风透光状况和调节内部养分的矛盾；同时防止植株早衰，延长结果期。具体要做好以下工作。

①温度管理：随着天气的转暖加大通风量，前期以防寒保温为主；后期以通风防高温危害为主。白天以 20～25℃ 为宜。当顶部通风量不足时，可将底脚揭开（放底风）加强对流；当外界最低温度稳定在 15℃ 时，夜间也要给予适量通风；当稳定在 18℃ 时可将前沿薄膜卷起固定在前横梁下。

②肥水管理：此期肥水管理仍很关键。浇水可参照结果前期的管理要求，只是随着气温的升高，更应勤浇水，通过浇水降低地温，调节气温。一般每 5～7d 浇水 1 次。浇水改为明沟浇水。

一般门椒采收后追肥 1 次，以后可酌情进行追肥，每隔 2～3 水进行 1 次追肥，共追 3～4 次，每次追施三元复合肥 10～15kg。施用草木灰做钾肥时，不能与粪稀或氮素化肥同时施用，以防降低肥效。叶面喷肥和二氧化碳施肥参照结果前期进行。

③植株调整：温室中生长的辣椒，生长旺盛，株形高大，枝条易折，为便于通风透光，可用塑料捆扎绳吊秧或在畦垄外侧用竹竿水平固定植株，防止植株倒伏。

在植株进入采收盛期时，枝叶已郁闭，行间通风透光差，为了改善这种状况，必须进行整枝。其方法是：及时将二或三杈下的小杈摘除；门椒结果期时，要根据稀密进行合理打杈留枝；如有向内伸长的、长势较弱的副枝应尽早摘除，以利通风透光；在主要侧枝上的次级侧枝所结幼果，当直径达到 1cm 左右时，可根据植株的长势留 4～6 叶进行摘心。当中、后期长出徒长枝时也应摘掉。中后期还应及时摘除病叶、黄叶、老叶来改善通风透光状况，必要时还要进行疏花疏果。

生产中亦有从"四门斗"以上，剪掉一半侧枝的做法，防止上层形成小果。天津市农业科学院蔬菜研究所研究表明，对辣椒进行环状剥皮，能使其养分分配规律发生变化，可增加果实的养分占有量，增加其早期产量。早期产量增加50%，但总产量减少5%左右。其方法是：在定植15d后在主茎距地表8cm处剥下宽度为6mm、深度达到木质部的环状剥皮。目前环状剥皮虽是生产中一项非常经济的新技术措施，但为了安全起见，使用前应进行少量试验，待技术熟练后再逐步扩大使用面积。

（5）结果后期。果实采收减少，植株茎叶变黄，生长衰弱，营养消耗殆尽。外界进入高温季节，光照强烈。管理的重点是防止植株衰败，延长结果期，促进上层果实成熟；合理整枝，改善通风透光状况，防高温灼伤。具体做好以下工作。

①降温防果实灼伤：进入炎夏高温季节，将前沿薄膜卷起呈天棚状，进行越夏栽培。当发现果实灼伤（日灼病）时，在塑料屋面上喷洒泥浆或石灰水进行降温。

②勤浇水降低土壤温度：进入炎夏，土壤温度高，易发生各种病害，因此要勤浇水，既保证植株对水分的要求，又降低土壤温度，防止各种病害的发生。

③加强植株调整，改善通风透光状况：及时摘除病叶、黄叶、老叶以改善通风透光状况。必要时还要进行疏花疏果。

延迟栽培，需进行剪枝。剪枝的时间不宜过早或过迟，以8月上、中旬较为适宜。剪枝的方法是将四门斗椒以上的枝条全部剪去，以促发植株基部和下层的侧枝。

6. 病虫害防治

坚持"预防为主，综合防治"的植保方针，针对不同防治对象及其发生情况，根据辣椒生育期，分阶段进行综合防治，优先采用农业措施、生物措施、物理措施防治，科学、合理防治。

（1）农业防治。加强苗床管理，看苗适时适量放风，培育适龄壮苗，提高抗逆性；平衡施肥，增施充分腐熟的有机肥，少施化肥；及时清除病苗，清洁苗床。对高大的植株应当进行支架防倒伏。进入炎热季节，植株生长茂密时，随时剪去多余枝条或已结过果的枝条，并疏去病叶、病果。

（2）物理防治。设置防虫网。防止蚜虫、潜叶蝇、粉虱等害虫进入。防虫网可直接罩在棚架上。一般选用30目以上的防虫网。

（3）化学防治。病害病毒病可喷施20%吗胍·乙酸铜可湿性粉剂500倍液。疫病可用64%的噁霜·锰锌可湿性粉剂500倍液。炭疽病喷施80%福·

福锌可湿性粉剂 800 倍液。枯萎病可用 50% 多菌灵可湿性粉剂 500 倍液。根腐病可用噁霉灵 300 倍液灌根。虫害蚜虫可用 10% 吡虫啉可湿性粉剂 2 000 倍液进行药物防治。

7. 收获

以采收嫩果为主的辣椒，当果皮变绿色，果实较坚硬，而且皮色光亮时，即可采收，从开花到采收，一般 20d 左右。对于采收成熟椒（即红椒）的，待果色转为红色或暗紫色时采收。

拱棚西瓜栽培技术

一、概述

西瓜原产于非洲热带草原，在我国已有千余年栽培历史，因西瓜瓤脆多汁、甘美可口、营养丰富，为夏季主要的消暑果品，我国栽培普遍。

二、植物学特征

1. 根系

西瓜为直根系，根系强大深广。主根入土深度可达 1.5～2m，侧根发达，水平分布半径可达 2m 左右，主要根群集中分布于 10～15cm 的土层中。

2. 茎

西瓜的茎匍匐生长，长蔓性。在棚室内栽培，可立架或吊架，架蔓向上生长。茎的机械组织不发达，且含水量高，易被折断。茎的分枝性很强，每个叶腋中的侧芽都可以长出侧蔓。茎蔓的节上着生叶片、侧蔓、花、卷须。茎蔓在匍匐生长时，茎节易产生不定根。因有卷须，具一定攀缘能力。

3. 花

西瓜多数品种为单性花，雌雄同株，少数品种有雌雄同花，花冠黄色。子房下位。主蔓第 1 雌花着生的节位因品种而异，一般早熟品种第 7～8 节上开始出现雌花，中晚熟品种在第 10 节以上出现雌花。西瓜的花属半日花，5:00—6:00 开放，午后即丧失授粉受精能力。在天气正常时，雌雄花开放后 20min 左右就散粉授粉。人工辅助授粉的最佳时间在 6:00—9:00。

4. 果

由子房发育而成，由果皮、果肉、种子组成。果皮厚 0.8～1.5cm，最薄的不足 0.5cm。皮薄者可食率高，但不耐储运；皮厚者耐储运，但可食率低。

瓜皮的颜色有绿色、黑色、黄色、白色，多数带有不同颜色的网纹或条纹，还有的有纵向棱沟。瓜果的形状有圆球形、长椭圆形、短椭圆形、椭圆形。果肉（即瓜瓤）由胎座发育而成，未成熟时为白色，成熟后有红色、粉红色、黄色、黄白色等。瓜瓤质地有脆、沙之分。瓜瓤的含糖量高低与品种、成熟度、栽培措施有关。含糖高低是衡量西瓜品质优劣的主要指标，一般含糖达 11% 以上为优质。

西瓜的雌花开放到瓜果成熟，一般早熟品种为 28d 左右，中熟品种为 32d 左右，晚熟品种为 38d 左右。

5. 种子

由种皮、子叶和幼胚组成。种子的大小因品种不同差别很大。大粒种子的千粒重 140g 左右，小粒品种的千粒重仅 30g 左右。

三、对环境的要求

1. 温度

西瓜生长发育各个阶段所需的温度不同。种子发芽的最适温度是 30℃，低于或高于 30℃均会降低发芽势和发芽率。发芽的最低温度为 15℃，低于 15℃时则会导致烂种。根系生长的适宜温度为 28～32℃，根毛形成的最低温度是 14℃，低于 14℃则根毛不能形成。地上部器官生长的适温为 25～30℃，但在 13～45℃均能生长。开花期的适宜温度为 25℃，夜温低于 17℃时开花时间推迟。瓜果成熟的适宜温度是 30℃。从开花到瓜果成熟需要 ≥15℃ 的活动积温一般为 900～1 000℃，并因品种熟性不同而异。昼夜温差大小对瓜体的发育和糖分的转化、积累有明显影响。昼夜温差大，植株干物质积累和瓜瓤含糖量高，反之则低。

2. 光照

西瓜是喜光作物，光饱和点为 8 万 lx，光补偿点为 0.4 万 lx。光照强度长期低于光补偿点，植株就会因为消耗太多的养分而黄化死亡。因此，保护地栽培西瓜应尽量保持塑料薄膜或玻璃干净透明，以增加光照强度。

西瓜是短日照作物（10～12h）。苗期适温与短日照是获得西瓜早熟丰产的重要因素。开花后需要较长的日照时间和强的光照，昼温 25～35℃，光照时间 14h 左右，夜温 16～20℃，最有利于开花和果实的发育。

3. 水分

西瓜的根系发达，主根扎得深，侧根分布广，故较耐旱。西瓜茎叶茂盛，蒸腾作用强，需水量较多。西瓜喜较低的空气湿度。在幼苗期和伸蔓期，空气湿度适宜时有利于根系和茎叶的正常生长发育。以空气相对湿度50%～60%最为适宜。西瓜的地上地下部均不耐湿，尤其是阴雨雪天气，光照不足，棚内空气湿度大光合作用受阻时，产量低，味淡薄，品质下降。而在土壤水分为80%左右，空气湿度不超过70%，光照充足，昼夜温差较大的情况下，有利于光合作用和积累物质，产量高，品质佳。

4. 土壤

西瓜喜弱酸性土壤，在 pH 值 5～8，即在弱酸性、中性和弱碱性的范围内，生长发育没有多大区别。嫁接栽培时，由于砧木南瓜不耐酸，且需磷量较高，所以应选择中性且有效磷含量较高的土壤。西瓜在强酸性（pH 值 4.2 以下）土壤中生长困难，不宜种植。西瓜耐盐性差，在含盐量不超过 0.2% 的土壤中可以较正常地生长发育，但出苗不好。因此，西瓜育苗最好在非碱性土壤地块或用非碱性土壤与有机肥配制的营养土建造苗床，并带老土移栽，有利于幼苗健壮生长。

四、栽培技术要点

1. 育苗

（1）品种选择。选用抗病虫、易坐果、外观和内在品质好的品种。采用全覆盖栽培和半覆盖栽培时应选用耐低温、耐弱光、耐湿的品种。采用嫁接栽培时选用南瓜做砧木。

（2）种子质量。西瓜的种子质量标准符合 GB/T 16715.1—1996 中杂交种二级以上指标，即纯度≥95%，净度≥99%，发芽率≥90%，水分≤8%。

（3）种子处理。将种子放入 55℃ 的温水中，迅速搅拌 10～15min，当水温降至 40℃ 左右时停止搅拌，有籽西瓜继续浸泡 4～6h，洗净种子表面黏液；无籽西瓜种子继续浸泡 1.5～2h，洗净种子表面黏液，擦去种子表面水分，晾到种子表面不打滑时进行破壳。作砧木用的南瓜种子常温浸泡 2～4h。

（4）催芽。将处理好的有籽西瓜种子用湿布包好后放在 28～30℃ 的条件下催芽。将处理好的无籽西瓜种子用湿布包好后放在 33～35℃ 的条件下催芽，胚根长 0.5cm 时播种最好。南瓜种子在 25～28℃ 的温度下催芽，胚根长 0.5cm 时播种。

（5）苗床准备。苗床应选在距定植地较近、背风向阳、地势稍高的地方。地膜覆盖栽培时用冷床育苗，全覆盖和半覆盖栽培时用温床育苗。

①营养土配制：用3～5年内未种植过瓜类作物的大田地或园土5份和充分腐熟的优质有机肥5份，混合后过筛，每立方米加硫酸钾型复合肥1.5～2kg；或大田土4份、细炉渣3份、优质腐熟有机肥3份，混合后过筛，每立方米加硫酸钾型复合肥1.5～2kg。也可直接使用基质穴盘育苗。

②护根措施：为了保护西瓜幼苗的根系，须将营养土装入育苗田的塑料钵、塑料筒或纸筒等容器内。塑料钵要求规格为：钵高8～10cm，上口径8～10cm；塑料筒和纸筒要求高10～12cm，直径8～10cm；或者选用穴盘育苗。

（6）播种。

①播种时间：10cm深的土壤温度稳定15℃，日平均气温稳定18℃时为地膜覆盖栽培的直播或定植时间，育苗的播种时间从定植时间向前提早25～30d。单层大棚保护栽培、大棚加小拱棚双膜保护栽培、大棚加小拱棚加草苫二膜一苫保护栽培育苗的播种时间分别比地膜覆盖栽培育苗的播种时间提早40d、50d、60d。采用嫁接栽培时，育苗时间在此基础上再提前8～10d。

②播种方法：应选晴天上午播种，播种前浇足底水，先在营养钵（筒）中间扎一个1cm深的小孔，再将种子平放在营养钵（筒）上，胚根向下放在小孔内，随播种随盖营养土。盖土厚度为1.0～1.5cm。播种后立即搭架盖膜，夜间加盖草苫。采用嫁接栽培，砧木播在苗床的营养钵（筒）中，接穗播在穴盘里。

（7）嫁接。采用靠接法，在砧木和西瓜苗均出现心叶，砧木、西瓜苗大小相近时进行嫁接；采用插接育苗，在砧木出现心叶、西瓜苗两片子叶展平时进行嫁接。

（8）苗床管理。

①温度管理：出苗前苗床应密闭，温度保持30～35℃，温度过高时覆盖草苫遮光降温，夜间覆盖草苫保温。出苗后至第1片真叶出现前，温度控制在20～25℃。第1片真叶展开后，温度控制在25～30℃，定植前1周温度控制在20～25℃。嫁接苗在嫁接后的前2d，白天温度控制在25～28℃，进行遮光，不宜通风；嫁接后的3～6d，白天温度控制在22～28℃，夜间18～20℃；以后按一般苗床的管理方法进行管理。

②湿度管理：苗床湿度以控为主，在底水浇足的基础上尽可能不浇或少浇水，定植前5～6d停止浇水。采用嫁接育苗时，在嫁接后的2～3d逐渐降低湿度，可在清晨和傍晚湿度高时通风排湿，并逐渐增加通风时间和通风量，嫁接10～12d后按一般苗床的管理方法管理。

③光照管理：幼苗出土后，苗床应尽可能增加光照时间。采用嫁接育苗时，在嫁接后的前 2d，苗床应进行遮光，第 3d 在清晨和傍晚除去覆盖物接受散射光各 30min，第 4d 增加到 1h，以后逐渐增加光照时间，1 周后只在中午前后遮光，10～12d 后按一般苗床进行管理。

④壮苗标准：苗龄 35～40d，株高 15cm 左右，3～4 片真叶，叶大色绿，根系发达，植株无病虫害、无机械损伤，嫁接苗嫁接口愈合的较好。

2. 整地施肥

一般每亩施优质有机肥 5 000kg 左右，三元复合肥（15－15－15）40kg，挖 1m 宽、25～30cm 深的丰产沟，采用分层施肥法，将全部的有机肥和 1/2 的复合肥施入沟内，填入部分熟土，并撒入土壤消毒剂，将土肥混匀，然后把其余肥料施入 10cm 左右的表层土壤中，深耙 2 次，耕平后等待定植。

3. 定植

（1）棚室消毒。扣棚后，每亩棚室用 0.5kg 硫黄粉、100g 高锰酸钾，拌上锯末，密闭熏蒸 1 个昼夜，放风，待无味时使用。

（2）定植。达到壮龄标准时，即可定植。定植时在丰产沟中央开 10～12cm 的深沟，沟内浇水，按 50～55cm 株距栽苗，栽后平沟、覆盖地膜。每亩定植密度为 700～800 株，露地栽培密度可适当大一点。

4. 田间管理

（1）缓苗期管理。防治病虫为害，死苗后应及时补苗。采用全覆盖和半覆盖栽培时，定植后立即扣好棚膜，白天棚内气温要求控制在 30℃左右，夜间温度要求保持在 15℃左右，最低不低于 5℃。在湿度管理上，一般底墒充足，定植水足量时，在缓苗期间不需要浇水。

（2）伸蔓期管理。

①温度管理：采用全覆盖和半覆盖栽培时，白天棚内温度控制在 25～28℃，夜间温度控制在 13～20℃。

②水肥管理：缓苗后浇 1 次缓苗水，水要浇足，以后若土壤墒情良好，开花坐瓜前不再浇水，如确实干旱，可在瓜蔓长 30～40cm 时再浇 1 次小水。

③整枝压蔓：早熟品种一般采用单蔓或双蔓整枝，中、晚热品种一般采用双蔓或三蔓整枝，也可采用稀植多蔓整枝。第 1 次压蔓应蔓长 40～50cm 时进行，以后每间隔 4～6 节再压 1 次，压蔓时要使各条瓜蔓在田间均匀分布，主蔓、侧蔓都要压。坐瓜前要及时抹除瓜杈，除保留坐瓜节位瓜杈以外，其他全部抹除，坐瓜后应减少抹杈次数或不抹杈。

④其他管理：采用小拱棚、大棚内加小拱棚的栽培方式时，应在瓜蔓已较

长、相互缠绕前、小拱棚外面的日平均气温稳定在18℃以上时，将小拱棚拆除。

（3）开花坐瓜期管理。

①温度管理：采用全覆盖栽培时，坐瓜期植株仍在棚内生长，白天温度保持在30℃左右，夜间不低于15℃，否则将坐瓜不良。

②水肥管理：不追肥，严格控制浇水。在土壤墒情差到影响坐瓜时，可浇小水。

③人工辅助授粉：每天9:00以前用雄花的花粉涂抹在雌花的柱头上进行人工辅助授粉。

④其他管理：待幼瓜生长至鸡蛋大小，开始褪毛时，进行选留，一般选留主蔓第2或第3雌花坐瓜，采用单蔓、双蔓、三蔓整枝时，每株只留1个瓜，采用多蔓整枝时，每株留2个。

（4）果实膨大期和成熟期管理。

①温度管理：采用全覆盖栽培时，此时外界气温已较高，要适时放风降温，把棚内气温控制在35℃以下，但温度不得低于18℃。

②水肥管理：在幼瓜鸡蛋大小开始褪毛时浇第1次水，此后当土壤表面早晨潮湿、中午发干时再浇1次水，如此连浇2～3次水，每次浇水一定要浇足，当幼瓜停止生长后停止浇水。结合浇第1次水追施膨瓜肥，以速效肥为主，每亩追施饼肥75kg，尽量避免伤及西瓜的茎叶。

③其他管理：在幼瓜拳头大小时将幼瓜瓜柄顺直，然后在幼瓜下面垫上麦秸、稻草或将幼瓜下面的土壤拍成斜坡形，把幼瓜摆在斜坡上。西瓜停止生长后要进行翻瓜，翻瓜要在下午进行顺一个方向翻，每次的翻转角度不超过30℃，每个瓜翻2～3次即可。

5. 病虫害防治

病害以猝倒病、炭疽病、枯萎病、疫病、病毒病为主；虫害以瓜蚜为主。

（1）农业防治。

①育苗期间尽量少浇水，加强增温保温措施，保持苗床较低的湿度和适合的温度，可预防苗期猝倒病和炭疽病。

②重茬种植时采用嫁接栽培或选用抗枯萎病品种，可有效防止枯萎病的发生。在酸性土壤中施入石灰，将pH值调节到6.5以上，可有效抑制枯萎病的发生。

③春季彻底清除瓜田内和四周的紫花地丁、车前等杂草，消灭越冬虫卵，减少虫源基数，可减轻瓜蚜为害。

④及时防治蚜虫，拔除并销毁田间发现的重病株，防止蚜虫和农事操作时

传毒，可有效预防病毒病的发生。叶面喷施 0.2%磷酸二氢钾溶液，可以增强植株对病毒病的抗病性。

（2）物理防治。

①糖酒液诱杀：按糖、醋、酒、水和 90%敌百虫晶体 3∶3∶1∶10∶0.6 比例配成药液，放置在苗床附近诱杀种蝇成虫，并可根据诱杀量及雌、雄虫的比例预测成虫发生期。

②用银灰色地膜覆盖避虫。

（3）化学防治。

①猝倒病、立枯病的防治：于发病初期，用 50%的多菌灵可湿性粉剂 1 200 倍液喷雾。

②炭疽病的防治：用 70%甲基硫菌灵可湿性粉剂 1 000 倍液喷雾防治。

③疫病的防治：用 75%百菌清可湿性粉剂 600 倍液喷施。

④病毒病发病初期开始喷洒 20%吗胍·乙酸铜可湿性粉剂 500 倍液。

⑤瓜蚜的防治：10%吡虫啉可湿性粉剂 2 000 倍液喷雾防治。

6. 采收

中晚熟品种在销售时，应在西瓜完全成熟时采收。早熟品种以及中晚熟品种外销时可适当提前采收。在一天中，10:00—14:00 为最佳采收时间。采收时用剪刀将瓜柄从基部剪断，每个瓜保留一段绿色的瓜柄。

拱棚冬瓜栽培技术

一、概述

冬瓜属于葫芦科冬瓜属一年生蔓生或架生草本植物，茎被黄褐色硬毛及长柔毛，有棱沟，叶柄粗壮，被粗硬毛和长柔毛，雌雄同株，花单生，果实长圆柱状或近球状，大型，有硬毛和白霜，种子卵形。

冬瓜主要分布于热带、亚热带地区，中国各地区均有栽培。中国云南南部（西双版纳）有野生种，果圆较小。澳大利亚东部及马达加斯加也有分布。冬瓜果实除作蔬菜外，也可浸渍为各种糖果；果皮和种子药用，有消炎、利尿、消肿的功效。

二、植物学特征

1. 茎

茎，有黄褐色硬毛及长柔毛，有棱沟。

2. 叶

叶柄粗壮，长 5～20cm；叶片肾状近圆形，宽 15～30cm，表面深绿色，稍粗糙，有疏柔毛，老后渐脱落，变近无毛；背面粗糙，灰白色，有粗硬毛，叶脉在叶背面稍隆起。

3. 花

雌雄同株；花单生，雄花梗长 5～15cm；雌花梗长不及 5cm，密生黄褐色硬毛和长柔毛。

4. 果实

果实长圆柱形或近球形，有硬毛和白霜，长 25～60cm，茎 10～25cm。

5. 种子

卵形，白色或淡黄色，压扁，有边缘，长 10～11mm，宽 5～7mm，厚 2mm。

三、对环境的要求

1. 温度

冬瓜喜温、耐热。生长发育适温为 25～30℃，种子发芽适温为 28～30℃，根系生长的最低温度为 12～16℃，均比其他瓜类蔬菜要求高。授粉坐果适宜温度为 25℃ 左右，20℃ 以下的温度不利于果实发育。

2. 日照

冬瓜为短日性作物，短日照、低温有利于花芽分化，但整个生育期中还要求长日照和充足的光照。结果期如遇长期阴雨低温，则会发生落花、化瓜和烂瓜。

3. 水分

冬瓜叶面积大，蒸腾作用强，需要较多水分，但空气湿度过大或过小都不利于授粉、坐果和果实发育。

4. 土壤

冬瓜对土壤要求不严格，沙壤土或壤土均可栽培，但不要连作。

四、栽培技术要点

1. 品种选择

选用优质、高产、抗病、抗逆性强、适应性广、商品性状良好的冬瓜品种。质量符合国家标准化要求。不得使用转基因品种。种子质量应符合 GB/T 16715.1—2010 中规定的要求，即纯度≥95%，净度≥99%，发芽率≥90%，水分≤8%。

2. 种子处理

冬瓜种子皮厚，而且有角质层，不易吸水。因而在催芽前，应先在清水中搓洗种子表面黏液，捞出后放在 70℃ 水中搅拌烫种 10min，然后在 30℃ 的水中浸泡 8～10h。捞出冲洗干净后放在 20～30℃ 条件保湿催芽。每 5～6h，用温清水淘洗 1 次。一般 3～5d 即可发芽。

3. 育苗

（1）育苗场地应与生产田隔离，用温室、阳畦、温床育苗。

（2）营养土配制。用未种过瓜类蔬菜的园土或大田土 5 份与充分腐熟的优质有机肥 5 份，混合后过筛，过筛后每立方米营养土加腐熟捣细的鸡粪

15kg、三元复合肥（15-15-15）3kg、50%多菌灵可湿性粉剂80g，充分混合均匀。也可直接使用基质穴盘育苗。

（3）播种。鲁南地区春大棚冬瓜一般在1月下旬播种，播到浇透水的营养钵、纸钵的营养土上，每穴1粒，种芽向下放置。

（4）苗期管理。冬瓜秧苗出土后，即可采取降温降湿措施，以防徒长。如发现戴帽苗，可以再覆盖1.0～1.5cm厚细沙土；如床土太湿，可撒些干土或细炉灰吸湿。气温控制在25℃左右。当秧苗长出1片真叶时，即为花芽分化期，这时要满足低温短日照的要求，气温保持在20～22℃，夜温15℃，每天8～10h的短日照，以利于花芽分化。经过1周时间，花芽分化结束，才可倒苗分苗。

（5）壮苗标准。冬季苗龄在50d左右，株高15～20cm，茎粗，色绿，下胚轴（子叶下部的茎）3～4cm；4～7片叶，叶片肥大浓绿，子叶肥厚，80%的植株现蕾，子房粗大，根系发达，吸收根（白色新根）多，整株秧苗硬而且有弹性，没有病虫害或机械损伤。

4. 定植

（1）定植时间。冬瓜是喜温耐热作物，生长期适宜温度在22～28℃，其中以25℃最好；对光照要求不严，因而定植必须选择在温暖时期或创造出温暖环境。在拱棚内定植，一般在3月中旬。

（2）定植。定植前浇足底水，尽可能保持土坨完整，以防伤根。在春季拱棚内定植，必须选冷尾暖头的晴天中午进行。每畦两行，小行距70cm，株距50cm，按株行距打孔栽苗，然后浇透水。待水渗下后覆土封埯，也可移苗后就及时封埯，稍镇压后按畦浇水。

5. 田间管理

（1）缓苗前后的管理。定植后，要调节气温，保持在25～28℃，并保持土壤潮湿。一般经3～5d后，即可见心叶生长，而且出现新根，则证明缓苗成功。这时，应降温降湿，控温在23～25℃，并适当放风降湿。棚内生产要进行膜下暗灌。

（2）水肥管理。在坐瓜前，结合盘条、压蔓、支架绑蔓浇1次催秧水，每亩追施三元复合肥（15-15-15）25kg，适当地促叶放秧，来解决营养跟不上果实发育的矛盾。这一水后，直到坐瓜和定瓜前则不能再浇，必须把秧控制住，严防跑秧化瓜，促使冬瓜由营养生长为中心转向生殖生长为中心。待瓜长到1～1.5kg，为促使其迅速肥大，可结合追肥浇1次催瓜水，以后的灌溉次数和水量以使地表经常保持微湿的状态为准，切不可湿度过大；同时必须在雨季注意排水，以防烂瓜和根腐病的发生。

（3）光照和温度管理。冬瓜为短日照蔬菜，结合低夜温有利于花芽分化，但在整个生长发育方面还是要求强烈的光照。对于大棚冬瓜生产可采用无滴膜、清洁棚面等措施来增加光照；对于阴天达 7d 以上的可以采取补光措施，同时还可早揭晚盖草苫以增加光照时间。遇到特殊的严寒天气，可以进行临时加温。连阴天，在保证作物生理机能不发生紊乱的情况下，要保证昼夜温差，以防出现化瓜等不良现象。在炎热的夏季容易日烧，需要用叶将瓜盖住；或用麦秆覆盖根部，以降温保墒，延长生长期，增加后期产量。果面上粉前要用草圈或砖石等将瓜垫起，以免地面湿热，引起烂瓜或地下害虫的为害。

（4）植株调整。

①整枝。除早熟小型冬瓜采收数个果外，一般大型冬瓜每株只留 1～2 个果实，所以一般使主蔓结瓜，其余侧枝除留瓜旁一侧枝外，均宜摘除。

②压蔓。必须进行压蔓，压蔓可增加根系的吸收面积，控制徒长，促进雌花的发生。方法是在主蔓长达 0.7～1m 时，在龙头下边 2～3 个叶处，将蔓用土压定，使之生根。

③支架。小型冬瓜可采用小架，蔓长 38～66cm 时插架。架高 1～1.3m，由 3～4 根架材构成三角或四角架。大型冬瓜可地面匍匐生长。

④定瓜、摘心。待瓜发育到 0.5～1kg 时，选择瓜型好、个体大、节位适宜的留下，其余摘除。

6. 病虫害防治

（1）疫病防治。选用抗病力强的青皮品种；进行合理轮作倒茬；增施钾、磷肥，控制氮肥；及时排水防涝；每亩可用 75% 的百菌清可湿性粉剂 800 倍液喷雾防治。

（2）蚜虫防治。设置防虫网；采用银灰色膜驱蚜；黄板诱蚜；利用 10% 吡虫啉可湿性粉剂 2 000 倍液喷雾防治。

7. 采收

小型冬瓜达食用成熟时收获，大型冬瓜则于生理成熟时采收。生理成熟的特征表现为果皮上茸毛消失、果皮暗或白粉满布。采收时留果柄。

苍山大蒜栽培技术

一、概述

大蒜为百合科葱属植物的地下鳞茎。大蒜整棵植株具有强烈辛辣的蒜臭味，蒜头、蒜叶（青蒜或蒜苗）和花薹（蒜薹）可作蔬菜食用，可作调味料，还可入药，是著名的食药两用植物。大蒜鳞茎中含有丰富的蛋白质、低聚糖和多糖类，另外还有脂肪、矿物质等。大蒜具有多方面的生物活性，如防治心血管疾病、抗肿瘤及抗病原微生物等，长期食用可起到防病保健作用。

兰陵县特有的自然生态土壤环境，栽培出了兰陵县地理标志产品——苍山大蒜。苍山大蒜是头、薹并重的品种，头、薹产量都较高，蒜头具有头大瓣匀、皮薄洁白、黏辣郁香、营养丰富等特点。

二、植物特征

1. 根
大蒜为弦线状浅根性根系，无主根，主要根群分布在 5～25cm 内的土层中，横展直径为 30cm。

2. 茎
大蒜的茎分为鳞茎和假茎。鳞茎在地下，生长鳞片的缩短茎为盘状，称作茎盘。假茎长在茎盘上，由叶片叶鞘包被形成，并由叶鞘和叶片构成株高。

3. 叶
大蒜的叶片是丛生在茎盘上的。每 1 个叶片，包括 1 个扁平成条带的叶身及 1 个厚而较长、成筒状的淡绿色叶鞘。叶身和叶鞘的交接处有一明显的白膜状的叶舌，并在这一点上叶身与假茎构成一定角度。叶片是附着在假茎上的，而且互生对称，成扇形排列。

4. 薹、花

大蒜的花薹由花轴和总苞两部分组成。总苞中着生花和气生鳞茎，但多数品种的只抽薹不开花或虽可开花但发育花器官发育不完全，不能形成种子。

5. 鳞芽

大蒜的鳞芽又叫蒜瓣，在植物学上是短缩茎盘的侧芽，是大蒜的营养储藏器官和繁殖器官。鳞芽是由2层鳞片和1个幼芽组成的。鳞芽着生在短缩茎上，大瓣品种多集中于靠近蒜薹的1～2片叶腋间，一般每个叶腋发生2～3个鳞芽，中间为主芽，两旁为副芽，主、副芽均可肥大形成产品器官鳞茎；小瓣品种主要在1～4个叶腋形成鳞芽，每一叶腋形成3～5个鳞芽，形成的蒜瓣数多且个体较小，外层鳞芽大于内层鳞芽。

三、对环境的要求

1. 温度

苍山大蒜对温度要求比较敏感。在营养生长期间，适合较凉爽的气候条件。据试验，在播种后平均气温17.6℃，5cm地温18.3℃条件下，发芽迅速，只需5～7d就可以出苗。低于5℃时幼苗生长缓慢；0～3℃地上部基本停止生长，短时间的-14～-10℃低温阶段不致造成冻害。翌年返青后气温回升至12℃以上，幼苗开始生长活动，低于10℃生长缓慢，高于10℃，地上部分的生长量迅速加快，地上部植株生长最适宜温度是16.7～17.9℃，在这一条件下生长量达到最大值。提薹后气温升高到20℃以上，植株茎叶不再生长，待气温达到23～25℃，叶身趋向发黄，将进入衰退阶段。

2. 水分

幼苗期浇水约占灌水量的30%。一般冬前浇水3～5次，烂母后浇水1～2次；薹伸长期浇水约占总灌水量的40%，一般灌水6～7次；蒜头膨大期必须连浇2～3次水，以利丰产。

3. 光照

大蒜为喜光性蔬菜，除萌芽阶段外，均要求一定强度的光照，以进行光合作用。此外，大蒜在通过低温春化阶段后，还需15～19℃的温度及13h以上的较长日照，才能使其通过光照阶段，从而抽薹、分化，促进鳞茎的形成。因此较长时间的日照是大蒜鳞茎膨大的必要条件。

4. 土壤养分

大蒜对土壤质地要求不严格，但因其根系不发达，吸收力弱，仍以选择疏松透气、保水保肥、有机质丰富的肥沃壤土为好。大蒜适于微酸性土壤，pH值一般为5.5~6.0，因而土壤瘠薄，碱性过大，早春返碱严重的地块不宜种蒜。大蒜对氮、钾元素养分吸取最多，磷元素较少。

四、栽培技术要点

1. 品种

（1）选种。播种前要严格精选蒜种，选择头大、瓣大、瓣齐且有代表性的蒜头，清除霉烂、虫蛀、沤根的蒜种，随后掰瓣分级。苍山大蒜一般分为大、中、小三级，先播一级种子（百瓣重500g左右），再播二级种子（百瓣重400g左右），原则上不播三级种子。

（2）用种量。每亩需苍山大蒜蒜种150kg左右。

（3）提纯复壮。采用异地换种、脱毒、气生鳞茎繁殖等措施进行提纯复壮，可有效改良种性，增强抗性，增产效果显著。

2. 整地施肥

（1）施足基肥。大蒜需肥较多，施肥以有机质肥料为主、化肥为辅，基肥为主、追肥为辅。耕翻土地前每亩施腐熟有机肥4~5m³，整平耙细（土块直径<3cm）后做畦，把畦面整平后再施入速效化肥，施用量因地力而定，可通过测土进行配方施肥。肥力中等土壤可每亩施复合肥（15-15-15）70kg、生物有机肥40kg（集中施）、尿素15kg，同时补施硼、锌、硫等中、微量元素肥。

（2）整地做畦。施肥后进行细耕、细耙，做畦。畦面耙平，以免影响地膜覆盖和蒜苗整齐度。畦宽1.8m，畦间沟宽20cm，深10cm。

（3）土壤处理。用苦参碱防治蒜蛆等地下害虫，同时可施入敌磺钠、多菌灵、百菌清进行土壤消毒，以防治土传病害。

3. 播种

（1）播种时间。大蒜适宜的发芽温度是15~20℃。如播种过早，大蒜出苗缓慢，易造成烂瓣。苍山播期为9月20日至10月15日。

（2）播种密度。苍山蒜每亩种植3万~3.5万株为宜，即行距20cm，株距8~10cm。

（3）播种方法。地膜覆盖栽培播种深度为2.5~3.0cm，然后盖土覆膜，覆膜时要将地膜拉平、拉紧，两边用土压实，让地膜紧贴地面，以利大蒜出苗。

（4）化学除草及科学覆膜。播种后立即浇水，要浇透，避免蒜种跳瓣，造成出苗不齐。同时在放叶前（播种 5d 以后）打 1 次除草剂，然后盖膜。覆膜时可用竹片或镰刀头背将地膜边缘压入土中，注意尽量拉平地膜，以贴紧地面，并用脚轻踩缝隙封口，防风刮揭膜。地膜与地表贴得越近越好，有利于出苗、保温保湿、增强植株的抗逆性。

4. 田间管理

（1）苗期管理。播种后 7d，幼芽开始出土。在芽未放出叶片前，用扫帚等轻轻拍打地膜，蒜芽即可透出地膜。地面平整、播种质量高、地膜拉的紧的，通过拍打，70%～90%的蒜芽可透过地膜，少量幼芽不能顶出地膜，可用小铁钩及时破膜拎苗，否则将严重影响幼苗生长，也易引起地膜破裂。

（2）冬前及越冬期管理。出苗后视土壤墒情和出苗整齐度可浇 1 次小水，以利苗全，打好越冬基础。壤土或轻黏壤土可于覆盖地膜前浇水，黏土地可覆盖地膜后浇水或不浇。若发现有蒜蛆（种蝇）为害，应及时用辛硫磷灌根。根据墒情，可于 11 月上中旬浇越冬水，必须浇透，越冬水切勿在结冰时浇灌。越冬期间应特别注意保护地膜完好，防止被风吹起，若有发现应及时压好。

（3）返青期管理。在苍山蒜区，翌年 2 月中旬，即惊蛰前，气温上升，蒜苗返青生长，在返青前后可喷 1 次植物抗寒剂，以防倒春寒对大蒜的伤害。春分后，大蒜处在烂母期，此期易发生蒜蛆，注意加强防治。

（4）蒜薹生长期管理。若前期未追肥或缺肥，可结合浇水每亩追施磷酸二铵和硫酸钾各 15kg。此后各生育阶段，分次浇水保持田间的湿润状态。3 月下旬至 4 月初，开始喷药防治葱蝇和种蝇，每隔 7～10d 喷 1 次，连喷 2 次。从 4 月下旬开始喷药防治大蒜叶枯病、灰霉病等，每隔 10d 左右喷 1 次，提薹前喷药 2 次以上较好。地膜栽培大蒜应在清明以后，待温度稳定后，除去地膜和杂草，每亩追施磷酸二铵和硫酸钾各 20kg，并喷施高效叶面肥，然后浇 1 次透水。注意蒜薹采收前 1 周要停止浇水，以利于采收。

（5）蒜头膨大期。采薹后，叶片和叶鞘中的营养逐渐向鳞芽输送，鳞芽进入膨大盛期，为加速鳞茎膨大，可根据长势，在采薹后再追施速效性的磷、钾肥，同时要小水勤浇，保持土壤湿润，降低地温，促进蒜头肥大。蒜头收获前 5d 要停止浇水，防止田内土壤太湿造成蒜皮腐烂，蒜头松散，不耐储藏。

5. 病虫害防治

大蒜的病害主要有灰霉病、叶枯病、紫斑病等；虫害有蒜蛆、蓟马等。

（1）病害。

①农业防治。精选良种，严格做好种子处理，清洁田园，有机肥一定要腐

熟后使用，培育壮苗，适当稀植。

②化学防治措施。大蒜叶枯病、灰霉病等，可用50%异菌脲可湿性粉剂1 500倍液、58%甲霜·锰锌可湿性粉剂500倍液喷雾防治。

（2）虫害。

①蒜蛆。施用的有机肥要充分腐熟，施用时要肥、种瓣隔离。下种前可用50%辛硫磷乳油100～150mL加水25～30L稀释，拌种瓣200kg左右，随拌随播。虫害发生后，用5%除虫菊素乳油400倍液灌根。用糖醋液诱杀成虫，糖6份、醋3份、白酒1份、2.5%高效氯氟氰菊酯乳油50mL，装在盒中调匀，放在田间，待晴天诱杀。

②蓟马。及时清除田间杂草及枯枝落叶。温暖干旱季节勤浇水，抑制葱蓟马的繁殖和活动。用2.6%溴氰菊酯乳油和10%氯氰菊酯乳油1 500倍液混合后喷施。应在晴天喷药，收获蒜薹和蒜头前1周停止打药，保证蒜薹、蒜头质量，可结合叶面肥喷施。

6. 收获

（1）蒜薹收获。采薹应按以下标准进行：一是蒜薹弯钩呈大秤钩形，苞上下应有4～5cm长呈水平状态（称甩薹）；二是苞明显膨大，颜色由绿转黄，进而变白（称白苞）；三是蒜薹近叶鞘上有4～6cm变成微黄色（称甩黄）。采薹宜在中午进行，此时膨压降低，韧性增强，不易折断。方法以提薹为佳，提薹时应注意保护蒜叶，特别要保护好旗叶，防止叶片提起或折断，影响蒜头膨大生长，降低蒜头产量。

（2）蒜头收获。一般在采薹后18d左右开始收获，即当蒜叶枯萎，假薹变干变软，如把蒜秸在基部用力向一边压倒地面后，有韧性，此时可以收获。

牛蒡栽培技术

一、概述

牛蒡又名恶实、大力子。属桔梗目，菊科二年生草本植物。主要分布于中国、克什米尔地区、欧洲等地。牛蒡中富含蛋白质、脂肪、碳水化合物、纤维素以及钙、磷、铁、硫胺素、核黄素等，具有较高的要用价值和营养价值，是一种营养保健型蔬菜。

二、植物特征

1. 根
一般肉质根长 60cm 以上，直径 1.8～3.1cm。

2. 茎
茎直立，粗壮，基部直径达 2cm，通常带紫红或淡紫红色，有多数高起的条棱，茎枝有稀疏的乳突状短毛及长蛛丝毛，并混杂以棕黄色的小腺点。

3. 叶
基生叶宽卵形，长达 30cm，宽达 21cm，边缘稀疏的浅波状凹齿或齿尖，基部心形，有长达 32cm 的叶柄。茎生叶与基生叶同形或近同形，接花序下部的叶小，基部平截或浅心形。

4. 花
头状花序多数或少数在茎枝顶端排成疏松的伞房花序或圆锥状伞房花序，花序梗粗壮。总苞卵形或卵球形，直径 1.5～2cm。小花紫红色，花冠长 1.4cm，细管部长 8mm，檐部长 6mm，外面无腺点，花冠裂片长约 2mm。

5. 果
瘦果倒长卵形或偏斜倒长卵形，长 5～7mm，宽 2～3mm，两侧压扁，浅褐色，有多数细脉纹，有深褐色的色斑或无色斑。冠毛多层，浅褐色；冠毛刚毛糙毛状，不等长，长达3.8mm，基部不连合成环，分散脱落。花果期6～9个月。

三、对环境条件的要求

1. 温度

牛蒡喜温暖。种子发芽适温20～25℃，植株生长的适温20～25℃，地上部分耐寒力弱，遇3℃低温枯死，根耐寒性强，可耐-20℃的低温，冬季地上部枯死，根部翌年春季萌芽生长。

2. 光照

牛蒡为长日照植物，要求有较强的光照条件。

3. 水分

牛蒡是需水较多的植物。从种子萌芽到幼苗生长，适宜稍大的土壤湿度；生长中后期也要求较湿润的土壤条件，但田间不能积水，夏季若积水12h，直根将发生腐烂。

4. 土壤

作蔬菜栽培时，选择土层深厚、疏松的沙土或壤土，土壤有机质含量丰富，pH值6.5～7.5为宜。

四、栽培技术要点

1. 品种选择

要选用抗病、高产、商品性好，适宜当地栽培的优良品种。

2. 整地施肥

播前要深翻土地，暴晒几天。每亩施腐熟优质有机肥3 000kg，配合施用生物菌肥。整地时采用单、双行都可以，目前常用的为单行整地法，即行距为60cm，行中间挖20cm宽、100cm深的沟，覆土时土壤要整细并和腐熟的有机肥拌匀填沟，并轻踩两边留中间，沟上筑垄（呈梯形），高15～20cm、宽20cm，垄底宽30cm。

3. 播种

（1）播期。牛蒡的适应性很强，目前以春、秋季栽培为主，春季在3月中旬播种，秋季9月下旬至10月中旬为宜。

（2）种子处理。把种子放入55℃的温水中，用木棒不停地搅拌，使水温降到 30℃ 左右时浸泡 3～4h，然后捞出用清水冲洗 1 次，用经过消毒的湿纱布包好。保持 30～35℃ 的温度和充分的湿度，24h 左右就能露白待播，注意中间再用水冲洗 1 次，洗去种子表皮黏液。

（3）播种。垄中开 3cm 深的沟，浇适量的水，待水渗入后，放入单粒催芽种子，然后覆土 2cm，再盖上地膜，每亩播种 15 000～20 000 粒。

4. 田间管理

（1）间苗。当牛蒡长到 2～3 片叶时及时进行间苗（定苗），除去生长过旺、叶色过绿、叶姿异常、苗根露出地面的幼苗，保留生长均匀一致的壮苗，密度保持 8 000 株/亩左右为宜。

（2）生长期管理。幼苗期管理是高产的关键环节，早春和深秋种植，加盖地膜的牛蒡待出苗后应立即破膜开沟，天气干燥应及时喷水以保持土层湿度。中期管理需要中耕除草，中耕要浅，以免损伤根部，等封行后不再中耕，可用手拔除杂草。同时要加强肥水管理，追肥可采取离苗 15cm，挖 20cm 深沟，每亩用三元复合肥（15-15-15）30kg。越冬茬要注意在茎叶枯萎前覆盖稻草和覆土进行防寒。后期管理除了需要除草、开沟排水外（越夏），一般不需要再追肥浇水。

5. 病虫害防治

（1）白粉病。发病初期喷 25% 三唑酮可湿性粉剂 500 倍液，25% 乙嘧酚悬浮剂 1 000 倍液，7～10d 喷施 1 次，喷施 2～3 次即可。

（2）蚜虫。用黄色粘虫板放在田内诱杀；化学防治可用 10% 吡虫啉可湿性粉剂 5 000 倍液喷雾防治。

6. 采收

牛蒡的生长期一般在 150d 左右，采收时不宜过早或过晚，以免影响牛蒡的产量和质量。采收时用刀距地面 10cm 割掉茎叶后，用铁锹挖取，以防碰伤。去净泥土和须根后，在叶柄 3cm 处切除分好等级。一般长 60cm 以上，直径 1.8～3.1cm 为一级品。

莴苣栽培技术

一、概述

莴苣是菊科莴苣属一年生或二年生草本植物，别称千金菜、莴笋、石苣、青笋、笋菜。莴苣可食用，味道鲜美，口感爽脆，是食用较为普遍的一种蔬菜。莴苣可刺激消化酶分泌，增进食欲，促进人体的肠壁蠕动，防治便秘。

二、植物特征

1. 根

垂直直生。

2. 茎

茎直立，单生，茎高 25～100cm。

3. 叶

基生叶及下部茎叶大，不分裂，倒披针形、椭圆形或椭圆状倒披针形，长6～15cm，宽 1.5～6.5cm，顶端急尖、短渐尖或圆形，无柄，基部心形或箭头状半抱茎，边缘波状或有细锯齿，向上的渐小，与基生叶及下部茎叶同形或披针形，圆锥花序分枝下部的叶及圆锥花序分枝上的叶极小，卵状心形，无柄，基部心形或箭头状抱茎，边缘全缘，全部叶两面无毛。

4. 花

头状花序多数或极多数在茎枝顶端排成圆锥花序。总苞果期卵球形，长1.1cm，宽6mm；瘦果倒披针形，长 4mm，宽1.3mm，压扁，浅褐色，每面有6～7 条细脉纹，顶端急尖成细喙，喙细丝状，长约 4mm。

5. 果

瘦果倒披针形，长 4mm，宽1.3mm，压扁，浅褐色，每面有 6～7 条细脉纹，顶端急尖成细喙，喙细丝状，长约 4mm，与瘦果近等长。冠毛 2 层，纤细，微糙毛状。花果期 2—9 月。

三、对环境的要求

1. 温度

莴苣属耐寒性蔬菜，喜冷凉气候，不耐高温。发芽温度为 4℃ 以上，15～20℃ 最佳，若气温超过 30℃，则不会发芽。其幼苗可耐零下低温，幼苗生长适温为 15～20℃，茎的生长温度为 11～18℃。莴苣喜昼夜温差大，开花结实要求较高温度，适温为 19～22℃。

2. 水分

对土壤表层水分状态反应极为敏感，需不断供给水分，保持土壤湿润。

3. 土壤

莴苣喜微酸性土壤，适宜土壤 pH 值为 6.0 左右。宜在有机质丰富，保水保肥的黏质壤土或壤土中生长。

四、栽培技术要点

1. 品种选择

选用优质、高产、抗病、抗虫、抗逆性强、适应性广、商品性好的品种。

2. 种子处理

莴苣种子小，发芽快，一般多用干籽直播。种子一般只进行晾晒灭菌。如果浸种催芽，则先用凉水浸泡 5～6h，然后放在 16～18℃ 条件下见光催芽（莴苣种子为好光性种子），经 2～3d 即可出芽。

3. 播种期确定

莴苣可以长年生产，因此可以多茬育苗。在春季 4 月采收的莴苣，可在 2—3 月播种；在 5—6 月采收的莴苣应选用抗热、抗病、抽薹晚的品种播种，一般在 4 月播种；9—10 月采收的莴苣，一般在 6—7 月播种；冬季可在棚室内生产。在播种育苗床上，可随时播种，每月播种一茬、定植一茬、收获一茬，做到边播种、边定植、边收获。

4. 培育无病虫适龄壮苗

（1）配制床土。由于栽培季节不同，所以有露地育苗和保护育苗两种形式，育苗可以在生产田里就地播种，也可用营养钵育苗（或穴盘）。育苗床土为 50%充分腐熟的有机肥和 50%的园土或大田土，混合过筛后，平铺在苗床上。

（2）播种与苗期管理。播种前，苗床浇足底水，水渗下后撒 0.5cm 的细土，随后即可播种。播种后，盖细潮土 0.5～0.8cm，保持土温 15～18℃，盖塑料膜或草帘保温，一般经 3～5d 可出土。如果露地育苗，在出土后 10d 左右（一叶期），则可进行间苗，苗距 4～5cm，使其得到充足的光照，防止徒长。要经常中耕促根，预防湿度过大或夏季高温多雨的影响。在育苗后 1 个月，应满足低温和短日照的要求，以预防先期抽薹。定植前，要达到壮苗标准。

（3）壮苗标准。一般苗龄为 30～50d，具有 6～7 片叶，须根较多，茎黑绿，较粗、叶片大而宽，株高 15cm 左右，植株无病虫害和机械损伤。

5. 定植

（1）整地施肥作畦。将土地深翻 25～30cm，整平。

（2）适时定植。达到壮苗标准后要及时定植。定植前苗床浇足底水。挖苗时带 6～7cm 长的主根，尽量保持土坨完整。主根留太短栽后须根发的少不易缓苗；留太长栽时根弯曲在土中，新根也发不好，影响苗子的生长。早春定植时，由于气温低，栽植的深度应比秋栽的稍深，浅了易受冻，过深不易发苗，将根茎部分埋入土中即可，按行株距各 30cm 打穴浇水，待水渗下后封堆。夏季和秋季定植应选择晴天下午或阴天进行；早春定植应在晴天上午进行，以利缓苗。

（3）定植后的管理。早春定植莴苣，由于温度较低，缓苗前一般不需浇水。缓苗后结合浇水可追施速效性的氮肥，以促进叶数增加及叶面积的扩大，深中耕后控制浇水进行蹲苗，使形成发达的根系及莲座叶。当长出两个叶环，莲座叶已充分肥大，心叶与莲座叶平头时茎部开始肥大，这时应肥水齐攻，并增施钾肥。在茎部伸长肥大期浇水要均匀，每次的追肥量不宜太大，以防茎部裂口。秋莴苣定植后浅浇勤浇直至缓苗，缓苗后施 1 次速效性氮肥，以后适当减少浇水，中耕促使根系发展。团棵时追施第 2 次肥，以加速叶片的生长和叶面积的扩大。总之，秋莴苣生长过程中，要避免缺肥缺水，否则易引起"窜"。群众的经验是："莴苣有三窜，旱了窜、涝了窜、饿了窜"。

6. 病虫害防治

（1）霜霉病防治。选用抗病品种。加强田间管理。可用 72.2%霜霉威水剂 600～800 倍液喷雾防治。

（2）茎腐病的防治。选用抗病品种。精选种子，用 10%盐水选种，淘汰劣种。加强田间管理，预防高湿偏氮。可用 50%福美双可湿性粉剂 8 000 倍液防治。

（3）蚜虫的防治。加强田间管理，及时清理田园杂草。可用 10% 吡虫啉可湿性粉剂 2 000 倍液喷雾防治。

7. 采收

莴苣主茎顶端与最高叶片的叶尖相平时（即"平口"）为收获适期，这时茎部充分膨大，品质脆嫩。收获太晚，花茎伸长，纤维增多，肉质变硬甚至中空，品质下降。采收用的刀具、储运工具要清洁卫生，以防二次污染。

芸豆栽培技术

一、概述

芸豆，学名菜豆，俗称二季豆或四季豆，嫩荚或种子可作鲜菜，也可加工制罐、腌渍、冷冻与干制。原产于美洲的墨西哥和阿根廷，我国在 16 世纪末开始引种栽培。芸豆营养丰富，含有丰富的蛋白质、脂肪、碳水化合物、膳食纤维、维生素 A、萝卜素、硫胺素、核黄素、烟酸、维生素 C、维生素 E、钙、磷、钠等成分。芸豆是蔬菜中的补钙冠军。每 100g 带皮芸豆含钙达 349mg，是黄豆的近两倍，其蛋白质含量高于鸡肉，钙含量是鸡肉的 7 倍多，铁含量是鸡肉的 4 倍，B 族维生素也高于鸡肉。芸豆也富含膳食纤维，其钾含量比红豆还高。因此，夏天吃芸豆能很好地补充矿物质。

现代医学分析认为，芸豆还含有皂苷、尿毒酶和多种球蛋白等独特成分，具有提高人体自身的免疫能力，增强抗病能力，激活淋巴 T 细胞，促进脱氧核糖核酸的合成等功能。

二、植物特征

1. 根
芸豆的根系较发达。

2. 茎
茎蔓生、半蔓生或矮生。

3. 叶
初生真叶为单叶，对生；以后的真叶为三出复叶，近心脏形。

4. 花
总状花序腋生，蝶形花。花冠白、黄、淡紫或紫等色。自花传粉，少数能异花传粉。每花序有花数朵至 10 余朵，一般结 2～6 荚。

5. 果

荚果长 10～20cm，形状直或稍弯曲，横断面圆形或扁圆形，表皮密被绒毛；嫩荚呈深浅不一的绿、黄、紫红（或有斑纹）等颜色，成熟时黄白至黄褐色。随着豆荚的发育，其背、腹面缝线处的维管束逐渐发达，中、内果皮的厚壁组织层数逐渐增多，鲜食品质因而降低。故嫩荚采收要力求适时。种子肾形，有红、白、黄、黑及斑纹等颜色；千粒重 0.3～0.7kg。

三、对环境的要求

1. 温度

芸豆适宜在温带和热带高海拔地区种植，比较耐冷喜光。芸豆为喜温植物，生长适宜温度为 15～25℃，开花结荚适温为 20～25℃，10℃ 以下低温或 30℃ 以上高温会影响生长和正常授粉结荚。

2. 光照

芸豆属短日照植物，但多数品种对日照长短的要求不严格，栽培季节主要受温度的制约。

3. 土壤养分

芸豆根系发达，要求土层深厚，氮肥不宜施用过多。

四、栽培技术要点

1. 品种选择

根据季节选取适宜品种，选择抗病、优质、高产、商品性好、符合目标市场消费习惯的品种。一般要求种子纯度、净度 ≥98%，发芽率 ≥85%。播种前要进行种子精选，剔除异色粒、秕粒和病虫粒，选择籽粒大小均匀、饱满、颜色一致的籽粒作种子。

2. 整地施肥

芸豆根系发达，要求土层深厚。每亩施入腐熟农家肥 3 000～4 000kg，并加施三元复合肥（15-15-15）20kg，然后翻耕，根据栽培模式作畦（高畦或平畦）。

3. 播种

（1）播前准备。播种前最好将种子晾晒 1～2d，这样可以提高种子活力，增强发芽势，以保证苗齐、苗全、苗壮。播种前也可以用芸豆根瘤菌和花生根瘤菌拌种，既能提高芸豆的产量，又能增加土壤肥力，在瘠薄或新开垦的土地上效果尤为明显。

（2）播期选择。芸豆为喜温作物，播种期一般以10cm地温稳定在12～13℃时较适宜。如播种过早，地温低，出苗缓慢，容易导致病虫害的发生和种子霉烂。播种过晚，会出现贪青、霜前不能正常成熟，降低产量，影响商品质量。播种期要因地区、品种、用途及栽培方式而异。早熟品种可以适当晚播，晚熟品种应适当早播。一般4月上旬至5月上中旬播种。

（3）播种方法。采用机械条播或人工穴播。矮生直立型品种行距一般为50～60cm，株距10cm；穴播时穴距25～30cm，每穴播4～5粒种子，穴保苗3～4株；蔓生型品种行距70～100cm，株距25～30cm，穴保苗2～3株。播种量要根据百粒重的大小而定，百粒重<30g约为5kg/亩；百粒重>50g约为8kg/亩。

4. 田间管理

（1）施肥。芸豆根瘤不发达，幼苗期间固氮能力弱，要施足底肥，以促进幼苗生长发育。氮肥不宜施入过多，以免造成植物徒长，生育期延长。施入种肥时要根据不同类型不同熟期品种而定，矮生早熟芸豆品种如果已施用种肥，可不再追肥。由于矮生芸豆生育期短，及时早施效果好。蔓生品种生育期长，在施用种肥的同时，以开花前追施效果最佳。

（2）中耕除草。芸豆在整个生育期间要进行2～3次中耕除草。幼苗期进行中耕除草，既可以防止土壤水分蒸发，又可以防止杂草与幼苗争肥、争光。中耕除草一定要在芸豆开花前结束，这样避免损伤花荚。生育后期应加强田间管理，及时拔掉地里的杂草，以免草荒影响芸豆的生长发育，造成减产。

（3）合理密植。留苗密度要根据品种特点和当地生产条件来决定。早熟直立品种可适当密植，晚熟蔓生品种则应稀植；瘠薄土壤适当密植，肥沃土壤宜稀植；耐瘠薄品种宜密植，喜肥水品种应稀植；分枝少的品种宜密植。一般早熟直立型品种密度为1 200～1 500株/亩，晚熟蔓生型品种为800～1 000株/亩，当蔓生型品种主茎长到40～50cm时搭架。搭架时木棍需离植株10cm左右，以免伤根。

（4）浇水。生育前期以保墒为主，一般不需要太多水分，水分太多地温偏低，影响根系发育，易感染苗期病害。若天气干旱，土壤绝对含水量低于10%时，有条件的地方适当浇1次小水，浇水后及时中耕，以免土壤板结，开花结荚期芸豆需水分最多，当土壤含水量低于13%时严重影响产量。有条件的地方应进行灌水，以防止落花、落荚。雨水过多易造成田间积水，对芸豆生长也不利，应及时开沟排水。

5. 病虫害防治

病害主要有炭疽病、病毒病、根腐病等。虫害有豆荚螟、蚜虫、潜叶蝇等。

坚持"预防为主、综合防治，农业防治、物理防治、生物防治为主，化学防治为辅"的原则。

（1）病害。炭疽病：实行两年以上轮作；选用抗病品种；种子处理，可用福尔马林 200 倍液浸种 30min；发病初期用 70%甲基硫菌灵可湿性粉剂 1 000 倍液或 75%百菌清可湿性粉剂 600 倍液喷雾防治。根腐病：实行两年以上轮作；加强田间管理。病害初期，可用 50%多菌灵可湿性粉剂 500 倍液或 70%敌磺钠可湿性粉剂 800～1 000 倍液灌根，每株（穴）250mL 药液，10d 后再灌 1 次。

（2）虫害。选用抗虫品种；夏季应用防虫网；露地铺银灰地膜或挂银灰膜条驱蚜，设置频振式杀虫灯诱杀害虫；利用天敌进行杀灭；药剂防治：斑潜蝇可用 1.8%阿维菌素乳油 3 000～4 000 倍液或 5%氟啶脲乳油 2 000 倍液喷雾防治。蚜虫可用 10%吡虫啉可湿性粉剂 2 000 倍液防治。

6. 采收

一般青荚达到食用采收期时，果形肥大，色泽鲜亮，肉质柔嫩，应及时采收。采收过晚，荚易老化，影响品质。采摘时不要碰掉或损伤幼荚和花朵。

生姜栽培技术

一、概述

生姜是姜科、姜属的多年生草本植物（高 40～100cm）的新鲜根茎。别名有姜根、百辣云、勾装指、因地辛、炎凉小子、鲜生姜、蜜炙姜。姜的根茎（干姜）、栓皮（姜皮）、叶（姜叶）均可入药。全国大部分地区有栽培，主产于四川、广东、山东、陕西等地。生姜为常用调料类食物，也可用于做酱菜及小吃等，一般做酱菜和小吃用嫩姜，做调料和药用以老姜为佳。

二、植物特征

1. 根
根茎肉质，扁圆横走，分枝，具芳香和辛辣气味。

2. 茎
多年生草本，高 50～100cm。

3. 叶
叶互生，2 列，无柄，有长鞘，抱茎叶片线状披针形，先端渐尖，基部狭，光滑无毛。

4. 花
膜质花茎自根茎抽出，穗状花序椭圆形，稠密，苞片卵圆形，先端具硬尖，绿白色，背面边缘黄色，花萼管状，长约 1cm，具 3 短齿；花冠绿黄色；管长约 2cm，裂片 3，披针形，略等长，唇瓣长圆状倒卵形，较花冠裂片短，稍为紫色，有黄白色斑点；雄蕊微紫色，与唇瓣等长；子房无毛，3 室，花柱单生，为花药所抱持。

5. 果

蒴果 3 瓣裂，种子黑色。花期 7—8 月（栽培的很少开花）。果期 12 月至翌年 1 月。

三、对环境的要求

1. 温度

姜喜欢温暖、湿润的气候，耐寒和抗旱能力较弱，植株只能无霜期生长，生长最适宜温度是 25～28℃，温度低于 20℃发芽缓慢，遇霜植株会凋谢，受霜冻根茎就完全失去发芽能力。

2. 光照

怕强光直射。宜选择坡地和稍阴的地块栽培。

3. 土壤

以土层深厚、疏松、肥沃、排水良好的沙壤土为宜。

四、栽培技术要点

1. 姜种选择

要选择头年生长健壮、无病、高产的地块选留，收获后选择肥壮，奶头肥圆、芽头饱满，个头大小均匀，颜色鲜亮，无病虫伤疤的姜块储藏。

（1）晒姜和困姜。在旬平均气温 10℃左右时，从窖内取出姜，用清水洗净，晾晒 1～2d，以减少姜块内自由水量，提高姜块温度。晒后，置室内堆放 2～3d，姜堆上覆草帘，保持一定的温湿度和黑暗，使种姜养分分解，这叫作困姜。晒姜和困姜交替进行 2～3 次，即可进行催芽，晒姜时要注意适度，尤其是较嫩的姜种，不可暴晒，阳光强时应用苫子遮阴，以免种姜失水过多，姜块干缩，出芽细弱。

（2）选种。在晒姜、困姜过程中，开始催芽前，须进行严格选种，选择肥大、丰满、皮色有光泽、肉色鲜黄、不干缩、质地硬、未受冻、无病虫害的健康姜块作种。严格淘汰干瘪、瘦弱、发软和变褐色的种姜。根据当地实际和市场需求，选择根茎稀少、姜块肥大的疏苗型姜种，如莱芜生姜、莱州生姜等，也可选择根茎多密、姜块中等的密苗型姜种，如莱芜片姜、浙江红爪姜等。引进的品种须通过检疫，防止检疫性病虫害传入。

（3）催芽。催芽可采用温床催芽，方法是选择地势干燥，背风向阳处建床，床内放姜数层，厚 20～25cm，层间可撒些细土或细沙，其上盖一层薄草，再盖一层土或细沙，最后加膜覆盖。催芽的温度应保持在 22～25℃，湿度在 75% 左右。

2. 播种

在 4 月上旬栽植较好，早播分枝多，产量高；晚播分枝少，产量低。一般每亩播种 30～400kg、7 000～9 000 株为宜。

播前将姜块再选 1 次，每块大种姜可分成 40～60g 重的小块，每块留 1～2 个芽，其余芽用利刀削去。开沟，沟距 48～50cm，沟宽 25cm，沟深 10cm 左右，顺沟浇透水，等水渗下后即可排放种姜。一般是将种姜顶端朝上，但若将来准备及早收回种姜，则把种姜水平摆入沟内，姜芽朝南或东南，使姜芽与土面相平，这种播法，种姜与新姜的姜母垂直相连，便于扒老姜。随排种随用细土盖在种姜上，以防日晒伤芽，播完后覆土 4～5cm。覆土太厚，地温低；覆土太薄，则表土易干燥，影响出芽。

3. 田间管理

（1）追肥。姜根耐肥，除施足基肥外，要多次追肥。发芽期不需追肥，幼苗期很长，虽需肥不多，但为幼苗长势健壮，应在苗高 30cm，并具有 1～2 个小分枝时，每亩随水冲施人粪尿 1 000kg 或磷酸二铵 20kg；立秋前后，姜苗多处在三股杈阶段，以后需肥量增大，可结合拔除姜的遮阴物，每亩施腐熟的有机肥 2 000kg 或饼肥 70～80kg，为提高效果可加入一定量的生物菌肥，追肥时在姜苗北侧 15cm 处开沟施入。9 月上旬姜的根茎进入旺盛生长期，为促进姜的迅速膨大，可根据长势，追 1 次补充肥，每亩施三元复合肥（15-15-15）20～25kg。

（2）浇水。姜不耐旱，喜温而忌水淹，对土壤湿度要求严格。播种后，为提高地温，促进出芽，可保持土壤一定的干燥状（如土壤湿度太差，要适当浇小水），等到 70% 的芽出来后再浇小水，然后中耕保墒，促进幼苗生长旺盛，此期不需追肥；幼苗期需水肥都较少，由于根系吸收能力弱，应小水勤浇，此时也正值夏季，可降低地温。以早、晚浇水为好，雨季要排水防涝，热雨后要浇井水降温，以避免姜瘟病的发生。立秋以后，进入旺盛生长期，此时需水量较大，一般 1 周浇 1 次大水，以便收获时姜块上带潮湿泥土，利于窖藏。

（3）遮阴。姜不耐高温、强光，在遮阴状态下生长良好。以东西沟栽培为例，播种后，可用谷草 3～4 根为 1 束，按 10～15cm 的距离交互斜插在姜沟南侧土中，并编成花篱，高 70～80cm，稍向北倾斜 10°～12°，亩用谷草 400kg，也可用玉米秸、麦草等遮阴。立秋后，天气转凉，光照减弱，根茎迅速膨大时，要求有充足的光照，要及时撤除遮阴物。遮阴效果以 3 分透光 7 分遮阴为好，可降低姜田气温 1～2℃，降低 5cm 深处地温 3～6℃，正适宜姜的生长发育。通过遮阴，姜叶色深绿，植株健壮，分枝增多，可增产 15%～20%。

（4）培土去蘖。生姜根系浅，要结合浅锄去蘖，进行培土。每个种块保留 1～2 根壮苗，以后每隔 15d 培土 1 次，一共培土 2～3 次。一般姜株培有 16～20cm 高土埂即可，使地下茎不露出地面，以利姜块生长。为防止姜苗徒长，促进地下茎肥大，立秋前后在早晨露水未干时抽去姜苗顶心，以后每 10d 抽顶心 1 次。

（5）中耕除草。生姜为浅根性作物，根系主要分布在土壤表层，不宜多次中耕，以免伤根。一般在出苗后结合浇水，中耕 1～2 次，并及时消除杂草。进入旺盛生长期，植株逐渐封垄，杂草发生量减少，可人工拔除杂草。

4. 病虫害防治

生姜生产中常发生，造成生产损失较重的病害主要有姜瘟病、叶枯病、斑点病、炭疽病等，虫害主要是姜螟。

按照"预防为主，综合防治"的植保方针，坚持"农业防治、物理防治、生物防治为主，化学防治为辅"的治理原则。

（1）农业防治。

①抗病品种。针对当地主要病虫控制对象，选用高抗多抗的品种。

②创造适宜的生长环境条件，培育适龄壮苗，提高抗逆性；深沟高畦，严防积水，清洁田园，避免侵染性病害发生。

③耕作改制，作物轮作。

④科学施肥测土平衡施肥，增施充分腐熟的有机肥，少施化肥，防止土壤盐渍化。

（2）物理防治。覆盖防虫网和遮阳网，进行避雨、遮阴、防虫栽培，减轻病虫害的发生。

（3）化学防治。

①斑点病真菌性病害，发病初期用 70%甲基硫菌灵可湿性粉剂 1 000 倍液，加 75%百菌清可湿性粉剂 1 000 倍液喷雾。

②病毒病发病初期用 20%吗胍·乙酸铜可湿性粉剂 500 倍液进行防治。

③姜螟幼虫乳白色，老熟淡黄色，长 2.8mm。用 25%灭幼脲悬乳剂 1 000 倍液喷雾防治。

5. 收获

收姜主要是种姜、嫩姜和老姜（鲜姜）。姜种播后养分消耗不多，重量只比播种时减少 10%～20%，不易腐烂，组织变粗，辣味更浓，都可回收。根据实际情况可在姜植株 4～5 叶时采收，也可与老姜一起收获。立秋后可采收嫩姜，此时值根茎旺盛生长期，组织柔嫩，纤维少，辣味淡，适于腌渍、酱渍和糖渍。霜降后，根茎充分膨大老熟，可择晴天采收，此时辣味浓，耐储藏，主要做留种或制干姜调味品。

大葱栽培技术

一、概述

葱为百合科葱属多年生草本植物。起源于半寒地带，喜冷凉不耐炎热。原产自中国，中国各地广泛栽培，国外也有栽培。作蔬菜食用，鳞茎和种子可入药。大葱含有丰富的维生素，还具有散寒健胃、祛痰、杀菌、利肺通阳、发汗解表、通乳止血、定痛疗伤的功效，葱蒜辣素可杀菌抑菌，抑制亚硝酸盐的生成，从而有一定的防癌作用。

二、植物特征

1. 根
根白色，弦线状，侧根少而短。根的数量、长度和粗度随植株总叶数的增加而不断增长。葱生长旺期，根数可达100多条。

2. 茎
鳞茎单生，圆柱状，为基部膨大的卵状圆柱形，粗 1～2cm，有时可达 4.5cm；鳞茎外皮白色。

3. 叶
叶由叶身和叶鞘组成，叶身长圆锥形，中空，绿色或深绿色。单个叶鞘为圆筒状，粗 0.5cm 以上。

4. 花
着生于花茎顶端，开花前，正在发育的伞形花序藏于总苞内。两性花，异花授粉。花果期 4—7 月。

三、对环境的要求

葱的适应性较强，主要受温度、水分、光照、气候、土壤、肥料等方面的影响。

1. 温度

对温度的适应范围较广，喜冷凉不耐炎热，最适宜大葱生长的温度13～25℃，最高能耐45℃的高温，葱耐寒能力较强，最低可耐−20℃。春化温度2～7℃，一般完成春化的时间为7～10d。最适宜种子发芽的温度为15～20℃。最适宜叶片生长的温度是10～20℃；当温度高于25℃，葱生长缓慢，并影响葱白及叶片的品质，影响产量及收益。

2. 水分

葱具有耐旱不耐涝的生长特点。葱虽耐旱不耐涝，但因其根系较短、吸水能力较差，因此在各生长期要及时灌溉、排涝，尤其是遇到雨水较多的年份，要及时排除田间积水，避免田间积水过多、过久，造成沤根、烂根现象。

3. 光照

葱是不耐阴、也不喜强光的作物，对光照强度要求为中度，正常春化后，光照强度、光照时间不论长短都可正常生长开花。

4. 土壤

葱对土壤的适应性较强，适宜pH值在6.9～7.6的土壤种植，但因其根系较短、根群小、不发达，故宜选择在土质肥沃、土层深厚、光照适宜、排灌良好的地块。

四、栽培技术要点

1. 整地施肥

耕地前，清除田间植株残体，带出田外集中处理，降低有害生物基数。深翻土壤25cm以上。使用机械耕作时，避免土壤压实。根据土壤肥力状况，播前结合翻地一般每亩施腐熟有机肥4 000～5 000kg，氮磷钾复合肥（15−15−15）40kg。开沟后，每亩施腐熟有机肥350kg，氮磷钾复合肥（15−15−15）10kg，集中施肥于沟底，使肥土充分混匀。

2. 品种选择

选用优质、高产、抗病、适应性强、耐储藏、耐运输的品种。

3. 种子质量

使用的种子符合植物检疫规定，即纯度≥92%，净度≥97%，发芽率≥90%，水分≤10%，符合GB 8079—1987中的二级以上要求。

4. 育苗

（1）播种时期。9月中旬（定植前60～70d）播种较适宜。

（2）苗床准备。选用土壤疏松，有机质丰富，地势平坦，灌溉方便的沙壤土。每亩定植的大葱须准备60m²的苗床。

（3）温水浸种。将种子在清水中浸泡搅拌10min，捞出秕粒杂质，再将种子放入55℃左右温水中浸泡20～30min，并不断搅动。

（4）播种。将种子掺入细干土中均匀撒播，然后覆盖过筛细土1cm左右，搭小拱棚覆膜保湿、保温，出苗后注意通风，使苗床温度保持在25℃以下。苗床每60m²用种量75～100g。

（5）苗床管理。冬前管理一般冬前生长期间浇水1～2次即可，同时中耕锄草，让幼苗生长健壮。冬前一般不追肥，但在土壤结冻前，应结合追腐熟粪稀，灌足冻水。

（6）春季苗田管理。追肥浇水此期追肥以速效氮、钾肥为主，一般苗田应在早春幼苗返青后、幼苗旺盛生长前期和中期追肥，每次每亩追施腐熟有机肥500kg。3月下旬浇返青水1次，蹲苗10～15d，以后视墒情而行，一般每次浇水间隔5～7d为宜。进入6月份开始蹲苗，促使幼苗老化、健壮，准备移栽。间苗除草分两次进行，第1次在蹲苗前进行，间去小苗、弱苗、病苗及不符合品种特征的苗，行株距2～3cm。同时中耕，划松地表，拔除杂草。苗高20cm时再间1次苗，株距6～7cm，同时中耕除草。

5. 定植

6月上中旬，当葱秧长到30cm左右，横径粗0.7～0.8cm时，即可移栽定植。

定植方法及密度，根据不同品种的特性进行合理密植。目前大葱主要栽植的是长葱白品种，要求行距95～100cm，株距2.5～3cm，每亩栽2.2万～2.5万株。

采用开沟种植，沟深25～30cm。先引水浇沟，水深3～4cm，水下渗后按密度要求将葱苗插入穴内。插葱时，叶片分杈方向要与沟向平行或略有一小锐角，便于田间管理时少伤叶。

6. 田间管理

（1）追肥。8月上旬，进行第1次追肥，每亩追施腐熟优质农家肥1 000～2 000kg或饼肥200kg。在8月下旬和9月下旬进第2、3次追肥，每次每亩施尿素10～15kg、硫酸钾10～15kg。

（2）浇水。定植后一般不浇水，让根系迅速更新，植株返青。8月初至8

月下旬天气转凉,但植株仍因气温高生长较慢,此期保持土壤湿润即可。8月下旬至10月中旬,大葱进入生长盛期,一般5～7d浇1次水。霜降后大葱生长缓慢,减少浇水,收获前7～10d停水,便于收获储运。

(3) 培土。当大葱进入旺盛生长期后,随着叶鞘加长,应当分次培土。每次培土3～4cm,将土培到外层叶的基部,一般培土3～5次。

7. 病虫害防治

病虫害主要有大葱紫斑病、大葱霜霉病、潜叶蝇、葱蓟马。防治原则优先采用农业措施,通过选用抗病虫品种培育壮苗,加强栽培管理,创造适宜大葱生长的环境,出现病虫害优先选用生物农药,如多抗霉素等。在特殊情况下,必须使用化学农药时,选用中高效、低毒、低残留,对天敌杀伤力小的农药。注意交替用药,合理混用。严禁使用剧毒、高毒、高残留的药,农药使用应严格按NY/T 393执行。

(1) 农业防治。选用抗(耐)病优良品种,合理布局,实行轮作倒茬,提倡与高秆作物套种,清洁田园,加强中耕除草,降低病虫源数量,培育无病虫害壮苗。

(2) 物理防治。用30目的防虫网在整个种植基地的上方及周围按1.8m高度,把整个基地封严,以防止蛾类的害虫。

(3) 化学防治。针对不同时期的主控对象和兼控对象,适期用药,严格掌握安全间隔期。紫斑病用75%百菌清可湿性粉剂500倍液喷雾1次,霜霉病用75%百菌清可湿性粉剂600倍液喷雾1次,斑潜蝇用75%辛硫磷乳油1 000～1 500倍液喷雾1次,葱蓟马用10%吡虫啉可湿性粉剂2 000倍液喷雾1次或10%氯氰菊酯乳油1 500～2 000倍液喷雾1次。

8. 收获

大葱可以根据市场需要,随时收获上市,越冬干储大葱一般11月上旬收获。

白菜栽培技术

一、概述

白菜是十字花科，芸薹属两年生草本植物。原分布于华北，全国各地广泛栽培。白菜营养丰富，菜叶可供炒食、生食、盐腌、酱渍，外层脱落的菜叶尚可作饲料，具有一定的药用价值。白菜所含蛋白质和维生素多于苹果和梨，所含微量元素也很突出，其中锌的含量比一般蔬菜及肉、蛋等食品都多。可以毫不夸张地说，白菜是一种营养极其丰富的大众化蔬菜，白菜有"百菜不如白菜""冬日白菜美如笋"之说。

二、植物特征

白菜植株高40～60cm，全株稍有白粉，无毛，有时叶下面中脉上有少数刺毛。

1. 叶

基生叶大，倒卵状长圆形至倒卵形，长30～60cm，顶端圆钝，边缘皱缩，波状，中脉白色，很宽；有多数粗壮的侧脉，叶柄白色，扁平，长5～9cm，宽2～8cm；上部茎生叶长圆状卵形、长圆披针形至长披针形，长2.5～7cm，顶端圆钝至短急尖，全缘或有裂齿，有柄或抱茎，耳状，有粉霜。

2. 花

花鲜黄色，直径1.2～1.5cm；花梗长4～6mm；萼片长圆形或卵状披针形，长4～5mm，直立，淡绿色至黄色；花瓣倒卵形，长7～8mm，基部渐窄成爪。

3. 果

长角果较粗短，长3～6cm，宽约3mm，两侧压扁，直立，喙长4～

10mm，宽约 1mm，顶端圆；果梗开展或上升，长 2.5~3cm，较粗。

4. 种子

种子球形，直径 1~1.5mm，棕色。

三、对环境的要求

1. 温度

白菜比较耐寒，喜好冷凉气候，因此适合在冷凉季节生长。如果在高温季节栽培时，容易发生病虫害或品质低劣，产量低，所以不适合在夏季栽培。它对低温的抵抗能力非常强。温度达-3℃以后，如能逐渐升温，也能恢复生长，但若达到-8℃以后，气温继续下降到-11℃左右时，则不能恢复正常生长而遭受冻害。

2. 土壤

白菜适于栽植在保肥、保水并富含有机质的壤土与沙壤土及黑黄土。

四、栽培技术要点

1. 品种选择

选用抗病、抗逆性强、丰产、适应性广、商品性好的品种。种子质量符合 GB 16715.2 要求。

2. 种子消毒

播前种子应进行消毒处理：具体方法将种子投入 55℃热水中维持水温，均匀稳定浸泡 15min，然后保持 30℃水温浸泡 10~12h。

3. 播种

根据气象条件和品种特性选择适宜的播期。春播白菜一般在 2 月中旬。秋白菜一般在夏末秋初播种。叶球成熟后随时采收。可采用穴播或条播，播后盖细土 0.5~1cm，耧平压实。

4. 田间管理

（1）中耕除草。间苗后及时中耕除草，封垄前进行最后 1 次中耕。中耕时前浅后深，避免伤根。

（2）合理浇水。播种后及时浇水，保证苗齐苗状；定苗、定植或补栽后浇水，促进返苗；莲座初期浇水促进发棵；包心初中期结合追肥浇水，后期适当控水促进包心。

（3）施肥。

①施肥原则：根据白菜需肥规律、土壤养分状况和肥料效应，通过土壤测定，确定相应的施肥量和施肥方法，按照有机与无机相结合、基肥与追肥相结合的原则，实行平衡施肥。

②基肥：每亩优质有机肥施用量不低于 3 000kg，有机肥料应充分腐熟。

③追肥：追肥以速效氮肥为主，应根据土壤肥力和生长状况在幼苗期、莲座期、结球初期和结球中期分期施用。每亩用尿素 20kg，为保证白菜优质，收获前 20d 内不应使用速效氮肥。

5. 病虫害防治

以防为主、综合防治，优先采用农业防治、物理防治、生物防治，配合科学合理地使用化学防治，达到生产安全、优质的绿色食品白菜的目的。

（1）农业防治。因地制宜选用抗（耐）病优良品种。合理布局，实行轮作倒茬，加强中耕除草，清洁田园，降低病虫源数量。

（2）物理防治。可采用银灰膜避蚜或黄板（柱）诱杀蚜虫。

（3）生物防治。保护天敌，创造有利于天敌生存的环境条件，选择对天敌杀伤力低的农药；释放天敌，如捕食螨、寄生蜂等。

（4）化学防治。大白菜的病虫害主要有霜霉病、软腐病和蚜虫。在化学防治上应加强病虫害的预测预报，做到有针对性的适时用药，根据病虫害的发生特点，合理选用高效低毒农药，做到对症下药，严禁使用高毒、高残留农药。坚持农药的正确使用，严格控制使用浓度。

霜霉病：可于发病时，可用 25%的甲霜灵可湿性粉剂 1 000 倍液喷雾防治。

蚜虫：发生时，可用 10%的吡虫啉可湿性粉剂 2 000 倍液喷雾防治。

6. 收获

根据市场情况和白菜生长选择最佳时机收获。

芹菜栽培技术

一、概述

芹菜属伞形科植物，品种繁多，在我国有着悠久的种植历史和大范围的种植面积，是国人常吃的蔬菜之一，其富含蛋白质、碳水化合物、胡萝卜素、B族维生素、钙、磷、铁、钠等，同时，具有平肝清热、祛风利湿、除烦消肿、凉血止血、解毒宣肺、健胃利血、清肠利便、润肺止咳、降低血压、健脑镇静的功效。

二、植物特征

1. 根

芹菜的根系为浅根系，一般分布在7～36cm的土层内，但多数根群分布在7～10cm的表土层。

2. 茎

茎在营养生长期为短缩状，生殖生长期伸长成花薹，并可产生一二级侧枝。茎的横切面呈近圆形、半圆形或扇形。

3. 叶

叶着生在短缩茎的基部，边缘锯齿状。叶柄较发达，为主要食用部分。叶柄横截面直径1～4cm不等。叶柄中各个维管束的外层为厚壁组织，并突起形成纵棱，故使叶柄能直立生长。

4. 花

芹菜为两年生蔬菜，第2年开花。花为复伞形花序，花小、白色，花冠5个，离瓣。芹菜花属虫媒花，通常为异花授粉，但自交也能结实。

5. 果实

果实为双悬果，圆球形，果实中含挥发性芳香油脂，有香味。成熟时沿中线裂为两半，但并不完全开裂。种子呈褐色，内含 1 粒种子，种子粒小，椭圆形，表面有纵纹，透水性能差。

三、对环境条件要求

1. 温度

芹菜属于耐寒性蔬菜，要求较冷凉、湿润的环境条件，在高温干旱的条件下生长不良。芹菜在不同的生长发育时期对温度条件的要求是不同的。发芽期最适温度为 15～20℃，低于 15℃ 或高于 25℃ 则会延迟发芽或降低发芽率。适温条件下，7～10d 就可发芽。幼苗期对温度的适应能力较强，能耐 -5～-4℃ 的低温。幼苗在 2～5℃ 的低温条件下，经过 10～20d 可完成春化。幼苗生长的最适温度为 15～23℃。芹菜在幼苗期生长缓慢，从播种到长出 1 个叶环大约要 60d 的时间。因此，芹菜多采用育苗移栽的方式栽培。

从定植至收获前这个时期是芹菜营养生长旺盛时期，此期生长的最适宜温度为 15～20℃。温度超过 20℃ 则生长不良，品质下降，容易发病。芹菜成株能耐 -10～-7℃ 的低温。秋芹菜之所以能高产优质，就是因为秋季气温最适合芹菜的营养生长。

2. 光照

芹菜耐阴，出苗前需要覆盖遮阳网，营养生长盛期喜中等强度光照，后期需要充足的光照。长日照可以促进芹菜苗期花芽分化，促进抽薹开花；短日照可以延迟成花过程，促进营养生长。

3. 水分

芹菜属于浅根系蔬菜，吸水能力弱，耐旱力弱，蒸发量大，对水分要求较严格。播种后床土要保持湿润，以利于幼苗出土。营养生长期间土壤和空气要保持湿润状态，否则叶柄中的厚壁组织加厚，纤维增多，植株易空心老化，产量和品质降低。

4. 土壤

芹菜对土壤的要求较严格，需要肥沃、疏松、通气性良好、保水保肥力强的壤土或黏壤土。

四、栽培技术要点

1. 种子选择

（1）品种选择。选用高产、抗病虫、抗逆性强、适应性广、商品性好的芹菜品种。

（2）种子要求。选择籽粒大小均匀、饱满、色泽一致的籽粒作种子。

2. 育苗

（1）苗床准备。育苗场地与生产田隔离，实行集中育苗。$1m^2$ 的苗床施入充分腐熟的过筛农家肥 25kg、三元复合肥（15-15-15）80～100g，粪土混合过筛，整平畦面。

（2）种子处理。种子用 60～70℃ 水烫种，边倒热水边搅拌 10min，15～20℃ 冷水浸泡 12h，在 15～20℃ 条件下催芽 3～4d。大部分种子出芽后播种。

（3）播种。苗床浇透底水，种子同细沙子或白菜种子混合播种，覆土厚度 0.5cm。高温季节在阴天或傍晚进行，播后苗床上覆盖遮阳网；低温季节要在晴天播种，播后苗床上覆盖地膜。

（4）苗期管理。苗出齐后，除去覆盖物，并拔出混播的白菜苗，保持土壤湿润，高温季节早晚浇水，雷阵雨后及时浇井水降温；低温季节晴天上午浇水。间苗 1～2 次，保持苗距 3cm，3 片真叶时随浇水施 1 次尿素，每亩用量为 7～10kg。温度白天 15～20℃，夜间 10～15℃。低温季节保护地育苗，定植前 10d 逐渐降低温度进行秧苗锻炼，温度逐渐降低到 5℃，短时间 2℃。

（5）苗龄。秋芹菜 40～50d；越冬芹菜 60～70d；春芹菜 50～60d；塑料薄膜大棚早春栽培 80d；日光温室越冬栽培 60d。

3. 定植

（1）施肥。每亩施入腐熟有机肥料 5 000kg、草木灰 100kg 或硫酸钾 10kg、尿素 20kg、硼砂 0.5～0.7kg，施肥后深翻 20～30cm，使粪土充分混合，耙细，作成 1～1.2m 的平畦。

（2）棚室消毒。整地施肥后，将土壤犁翻 20cm 后扣棚，高温晒棚 7d。然后对棚室消毒采用高温消毒，在移植前 4～5d，将棚全部封闭，利用高温消毒。

（3）定植方法。本芹品种定植密度：穴距 13～15cm，每穴 2～3 株或单株栽植，株距 10cm；西芹品种保护地栽培栽植密度株行距 15～20cm；露地栽培行距 30cm，株距 25cm。均采用单株定植。高温季节定植要在阴天或傍晚进行，低温季节在晴天进行。大小苗分别栽植，深度以埋住根茎为度，越冬芹菜可以稍深些。

4. 定植后管理

（1）肥水管理。缓苗期需要 15～20d，高温季节定植后要小水勤灌，保持土壤湿润；低温季节要及时松土。缓苗后植株新叶开始生长，结合浇缓苗水追施尿素每亩用量为 5～8kg。缓苗后浇 1 次缓苗水，开始蹲苗 10～15d，这期间中耕 1～2 次，深度 3cm。

越冬芹菜在越冬前浇 1 次冻水，翌春气温 4～5℃时，清洁田园，浇返青水。心叶开始直立生长时，结束蹲苗，及时浇水，保持土壤湿润，3～4d 浇水 1 次。追肥 2～3 次，第 1 次可追施硫酸铵每亩用量为 15～20kg、硫酸钾 10kg，10d 后追施腐熟的人粪尿 750～1 000kg，10～15d 后再追施腐熟有机肥 1 次。储藏的芹菜收获前 7～10d 停止浇水。

（2）温度管理。白天 20～22℃，夜间 13～18℃，地温 15～20℃。

5. 病虫害防治

（1）农业防治。要及时摘除虫叶，拔除重病株，带出田外深埋或烧毁。

（2）物理防治。黄板诱蚜设施内悬挂黄板诱杀蚜虫等害虫。黄板规格 25cm×30cm，每亩悬挂 30～40 块。设防虫网阻虫，温室、大棚通风口用尼龙网纱密封，防止蚜虫、白粉虱等害虫进入。铺银灰色地膜避蚜每亩铺银灰色地膜 5kg 或将银灰膜剪成 10～15cm 宽带，间距 15cm 左右悬挂。

（3）化学防治。斑枯病：发病初期于傍晚用 75% 百菌清可湿性粉剂 800 倍液喷施。

6. 采摘收获

在芹菜长至 50～60cm 时，要及时采收，以防老化。

马铃薯栽培技术

一、概述

马铃薯属茄科，一年生草本植物，块茎可供食用，是全球第四大重要的粮食作物，仅次于小麦、稻谷和玉米。马铃薯又名山药蛋、洋芋、洋山芋、洋芋头、香山芋、洋番芋、山洋芋、阳芋、地蛋、土豆等。马铃薯在不同国家的名称也不一样，如美国称爱尔兰豆薯、俄罗斯称荷兰薯、法国称地苹果、德国称地梨、意大利称地豆、秘鲁称巴巴等。

马铃薯原产于南美洲安第斯山区，人工栽培历史最早可追溯到大约公元前8 000至公元前5 000年的秘鲁南部地区。马铃薯主要生产国有中国、俄罗斯、印度、乌克兰、美国等。中国是世界马铃薯总产量最多的国家。

马铃薯块茎含有大量的淀粉，能为人体提供丰富的热量，且富含蛋白质、氨基酸及多种维生素、矿物质，在欧美国家特别是北美，马铃薯早就成为第二主食。

二、植物特征

1. 根

马铃薯由块茎繁殖发生的根系为须根系。可分为两类。一类是在初生芽的基部3~4节上发生的不定根，芽眼根后节根，分枝能力强，是主体根系。另一类是在地下茎的上部，各节上陆续发展的不定根，分布在表土层。马铃薯由种子繁殖的实生苗根系，属于直根系。

2. 茎

一是地上茎。呈菱形，有毛。初生叶为单叶，全缘。随植株的生长，逐渐形成奇数不相等的羽状复叶。小叶常大小相间，长10~20cm；叶柄长2.5~

5cm；小叶，6~8 对，卵形至长圆形，最大者长可达 6cm，宽达 3.2cm，最小者长宽均不及 1cm，先端尖，基部稍不相等，全缘，两面均被白色疏柔毛，侧脉每边 6~7 条，先端略弯，小叶柄长 1~8mm。二是地下茎。主茎地下结薯部位。表层为木栓化的皮所代替，皮孔大而稀，无色素层。节数多为 8 节。三是匍匐茎，是由地下茎节上的叶芽发育而成，顶端膨大形成块茎，一般为白色，每个地下茎节上发生 4~8 条，每株可形成 20~30 条，正常情况下有 50%~70% 的匍匐茎形成。

3. 叶

初生叶为单叶，全缘。随植株的生长，逐渐形成奇数不相等的羽状复叶。小叶常大小相间，长 10~20cm；叶柄长 2.5~5cm；小叶，6~8 对，卵形至长圆形，最大者长可达 6cm，宽达 3.2cm，最小者长宽均不及 1cm，先端尖，基部稍不相等，全缘，两面均被白色疏柔毛，侧脉每边 6~7 条，先端略弯，小叶柄长 1~8mm。

4. 花、种子

伞房花序顶生，后侧生，花白色或蓝紫色；萼钟形，直径约 1cm，外面被疏柔毛，5 裂，裂片披针形，先端长渐尖；花冠辐状，直径 2.5~3cm，花冠筒隐于萼内，长约 2mm，冠檐长约 1.5cm，裂片 5，三角形，长约 5mm；雄蕊长约 6mm，花药长为花丝长度的 5 倍；子房卵圆形，无毛，花柱长约 8mm，柱头头状。果实圆球状，光滑，绿或紫褐色，直径约 1.5cm。种子肾形，黄色。

5. 块茎

马铃薯块茎是缩短而肥大的变态茎，既是经济产品器官，又是繁殖器官。匍匐茎顶端停止极性生长后，由于皮层、髓部及韧皮部的薄壁细胞的分生和扩大，并积累大量淀粉，从而使匍匐茎顶端膨大形成块茎。块茎最顶端的 1 个芽眼较大，内含芽较多，称为顶芽。一般每块重 50~250g 以上。块茎皮色有白、黄、红、紫、淡红、深红、淡蓝等色，薯肉为白、淡黄、黄色、黑色、青色、紫色及黑紫色。

三、对环境的要求

1. 温度

性喜冷凉，不耐高温，生育期间以日平均气温 17~21℃ 为适宜。

2. 光照

光照强度大，叶片光合作用强度高，块茎形成早，块茎产量和淀粉含量均较高。

3. 水分

马铃薯的蒸腾系数在 400～600。如果总降水量在 400～500mm，且均匀分布在生长季，即可满足马铃薯的水分需求。

4. 土壤养分

植株对土壤要求十分严格，以表土层深厚，结构疏松，排水通气良好和富含有机质的土壤最为适宜，特别是孔隙度大，通气度良好的土壤，更能满足根系发育和块茎增长对氧气的需要。马铃薯的生长发育需要十多种营养元素，对肥料三要素的需求，以钾最多，氮次之，磷最少。

四、栽培技术要点

1. 整地施肥

（1）整地。清除田间作物残留枝叶，带出田外集中处理，以降低病（虫）源基数。非套种田块需要深翻土壤 20cm 以上。使用机械耕翻，以免压实土壤，维持土壤结构，达到深、平、细、碎、净、墒。

（2）施基肥。根据土壤肥料状况，一般耕翻前施腐熟圈肥每亩用量为3 000kg；优质硫酸钾复合肥（15-15-15）每亩用量为 35kg，施于两种薯之间。

2. 播种

（1）品种选择。要选择三代以内的脱毒种薯，并根据市场要求，选择适应当地生态条件且经审定推广的符合生产加工及市场需要的专用、优质、抗逆性强的优良马铃薯品种。如鲁引 1 号、津引薯 8 号、荷兰 7 号、荷兰 15 号。

（2）种薯质量。使用的种薯必须达到脱毒 1～2 级种薯标准，纯度 99%以上。

（3）种薯处理。选有代表性、无病的优良种薯，并在播前困种 1 周，淘汰病薯、烂薯，播前芽长到 1cm 以上，切薯块时的切刀要用来苏尔消毒，切成三角形，重量 40～45g，保留 1～2 个芽眼，有条件地块采用小薯整播。小整薯是春季保护地密植早收的种薯，一般 50g，秋播时不需切块，直接播种，避免了薯块腐烂和切刀传病途径。

（4）催芽。播前 15～20d，用温水浸种 5～10min。取出沥干摊于阴凉通风处，厚度不超过 15cm，上覆湿沙或湿草苫。芽长 1～2cm 时将种薯取出，放在阴凉处见光绿化。

（5）播种时期。在 2 月 20 日至 3 月 10 日播种较为适宜。

（6）播种量。播种量与种薯大小、种植密度有关，一般用种量为 150～200kg/亩。双行起垄栽培，行距 75～80cm，株距 20～25cm，密度为 5 500～6 500 株/亩。单行起垄栽培，行距 60～65cm，株距 25～30cm，密度为 4 000～5 000 株/亩。

（7）播种方法。应平地浅播，厚培土，起高垄。即在整平耕平的土壤上按行距开沟，深 3～5cm；然后按确定的种植密度摆种，摆种后，在两种之间抓施肥料，培土起垄成脊，垄高 15～20cm，盖土、上地膜。

3. 田间管理

（1）出苗前管理。马铃薯出苗前，一般不需要浇水、施肥。

（2）出苗后管理。

①中耕除草苗出全时，查田补苗和拔除病株补种同品种小种薯。全生育期趟 3 次，第 1 次在出苗后苗高 2cm 时深趟，即趟蒙头土；第 2 次在苗高 10cm 时，加厚培土，趟碰头土；第 3 次再现蕾封垄前深趟，结合整地人工除草。

②追肥苗高 10cm 时，结合趟 2 次地每亩追尿素 10kg 及符合 NY/T 394 规定的肥料。

③排水培土。下雨或浇水应及时排除田间积水，锄划松土，培土扶垄。一般结合中耕培土 2 次，第 1 次在植株 4～5 片叶时，第 2 次在株高 25～30cm 时进行。

4. 病虫害防治

（1）农业措施。选用抗病品种；与葱蒜或禾本科作物轮作 3 年以上，控制土传病害的发生；整地、清洁田园，减少病（虫）基数。施净肥、增施有机肥，可增强植株抗能力。同时人工捕捉成虫、摘除卵块，可防治瓢虫。

（2）化学措施。防治病虫害所施农药应符合 NY/T 393 的要求。如防治晚疫病，在初期用 58% 甲霜灵锰锌可湿性粉剂 500 倍液叶面喷防，每亩用量 86～144g。防治蚜虫，可用 10% 吡虫啉可湿性粉剂 2 000 倍液喷防，每亩用量为 40mL。

5. 收获

收获一般在 5 月中旬至 6 月上旬收获。在生理成熟时开始收获，要选择晴天，避免在雨天收获，以免拖泥带水。收获时要轻拿轻放、妥善放置，防止物理损伤和微生物及化学物品等污染，保证马铃薯质量。

豇豆栽培技术

一、概况

豇豆又名长豆，长豆角、豆角、角豆、饭豆、腰豆、带豆、裙带豆、筷豆，属豆科豇豆属一年生草本植物。豇豆以嫩荚供食用，营养丰富，可炒食、凉拌、盐渍、加工泡菜和晒制豆角干。豇豆的种子、荚壳、豆渣均为备种家畜所喜食，它富含粗蛋白质、粗脂肪、多种氨基酸、矿物质、维生素。豇豆种子在国外作为优质蛋白质饲料生产。豇豆也可入药，有理中益气、补肾健脾之功效，并可治疗脚气病、心脏病。

二、植物特征

1. 茎
茎无毛。有时顶端呈缠绕状。

2. 叶
羽状复叶具 3 小叶；托叶披针形，长约 1cm，着生处下延成一短距，有线纹；小叶卵状菱形，长 5～15cm，宽 4～6cm，先端急尖，边全缘或近全缘，有时淡紫色，无毛。

3. 花
总状花序腋生，具长梗；花 2～6 朵聚生于花序的顶端，花梗间常有肉质密腺；花萼浅绿色，钟状，长 6～10mm，裂齿披针形；花冠黄白色而略带青紫，长约 2cm，各瓣均具瓣柄，旗瓣扁圆形，宽约 2cm，顶端微凹，基部稍有耳，翼瓣略呈三角形，龙骨瓣稍弯；子房线形，被毛。

4. 荚果
荚果下垂，直立或斜展，线形，稍肉质而膨胀，坚实，有种子多颗；种子长椭圆形、圆柱形或稍肾形，长 6～12mm，黄白色、暗红色或其他颜色。花期 5—8 月。

三、对环境的要求

1. 温度
当气温稳定在 10℃即可播种。

2. 土壤
豇豆是旱地作植物，生长在土层深厚、疏松、保肥保水性强的肥沃土壤。

四、栽培技术要点

1. 品种选择
可选 810 长豇豆、宁豇 2 号、夏宝 2 号等品种。

2. 整地施肥
豇豆的根系较深，较耐土壤瘠薄和干旱，不耐涝，为实现早熟、丰产，应选土层深厚、排灌方便，又不至极端干燥的土壤，作成宽 1m，沟宽 0.4m，深 0.3m 的种植行。每亩施有机肥 4 000kg。

3. 播种
播种质量直接影响种子发芽和幼苗质量。提高播种质量，可以保证苗全苗旺，促进早熟增产。一般采用穴播，每穴点 2～3cm，春季播种株距为 0.4m，夏秋株距为 0.35cm，采用双行种植。

4. 合理施肥，苗期预防徒长，后期防止早衰
豇豆在开花结荚前对肥料要求不多。前期应适应控制肥水。豇豆开花结荚期要消耗大量养分，对肥水要求较高，抑制植株营养生长，应浇足水并每亩追施尿素 10kg。盛荚期后，若植株尚能继续生长，应加强肥水管理，促进侧枝萌发，促进翻花，并使已采收过的花序上的花芽继续开花结荚，以延长收获期，提高豇豆产量。

5. 支架引蔓
当幼苗开始抽蔓时应搭支架，按每穴插一竹竿，搭成人字架，支架高 2m，当蔓长 0.3m 时，按反时针方向将豆藤绕在竹竿上。

6. 整枝
整枝是调节豇豆生长和结果，减少养分消耗，改善通风透光，促进开花结

荚的有效措施，特别是在早熟密植栽培情况下，防止茎叶过于繁茂，有利于早开花结荚，提早收获上市。整枝包括抹底芽、打腰杈、主蔓摘心和摘老叶等。主蔓花序开花结荚。主蔓第1花序以上各节位上的侧枝，留1~3叶摘心，保留侧枝上的花序，增加结荚部分。第1次产量高峰过后，叶腋间新萌发出的侧枝也同样留1~3节摘心，留叶多少视密度而定。主蔓长至15~20节，高达2~2.3m时，摘心封顶，控制株高。顶端萌生的侧枝留一叶摘心，豇豆生长盛期，底部若出现通风透光不良，易引起后期落花落荚，可分次剪除下部老叶，并清除田间落叶。

7. 病虫害防治

播种期或定植期可使用适当的除草剂，幼苗期防治地下害虫、蚜虫，花期防治豇豆螟、钻心虫，及时防治锈病、根腐病、病毒病等。

（1）农业防治。防治上除选用抗病品种，加强栽培管理。发病重的地块应实行轮作，高畦或深沟窄畦栽培。

（2）物理防治。清沟排水，及时清除田间落花、落荚，摘除被害的卷叶和豆荚集中烧毁，及时清除病株残体，烧毁或深埋。

（3）化学防治。豇豆根腐病：药剂可选用多菌灵、甲基硫菌灵等灌根或喷雾。灌根的药液浓度可稍加大，每隔7~10d浇1次，浇4~5次。喷雾的药液按比例兑水，重点喷射豆株茎基部，每隔7~10d喷1次，连续喷3次。豇豆锈病：用25%三唑酮可湿性粉剂2 000倍液等药剂防治，每隔7~10d喷1次，连续2~3次。豇豆钻心虫和豆荚螟：50%多菌灵可湿性粉剂500倍液每隔7~10d喷1次，连续2~3次。喷药时间以早晨花瓣张开时为好，此时虫体可充分接触药液，药剂可选用菊酯类等。若在结荚后用药一定要在采摘后喷药，禁止采前喷药，避免中毒，豆荚螟常与豇豆钻心虫伴随发生，此虫也以幼虫咬食豆荚，钻蛀豆粒。

8. 采收

荚果饱满柔软，籽粒未显露时为采收适期。

韭菜栽培技术

一、概述

韭菜别名丰本、草钟乳、起阳草、懒人菜、长生韭、壮阳草、扁菜等，属百合科多年生草本植物。韭菜在我国的栽培历史悠久，据推测已有3 000多年。在栽培方式上，300多年前我国农民已掌握利用风障阳畦进行韭菜覆盖栽培技术，目前我国韭菜的品种资源、栽培技术均居世界前列。韭菜适应性强，抗寒耐热，在我国的栽培区域极广，几乎所有省份都有栽培。

韭菜富含多种维生素，具有益肝健胃、行气理血、润肠通便等功效。种子等可入药，具有补肾，健胃，提神，止汗固涩等功效。在中医里，有人把韭菜称为洗肠草。

二、植物特征

多年生宿根草本植物，高20～45cm。

1. 根

须根系，没有主侧根。主要分布于30cm耕作层，分为吸收根、半储藏根和储藏根3种。

2. 茎

茎分为营养茎和花茎，一年生和两年生营养茎短缩变态成盘状，称为鳞茎盘，由于分蘖和跳根，短缩茎逐渐向地表延长生长，平均每年伸长1～2cm，鳞茎盘下方形成葫芦状的根状茎。

3. 叶

叶片簇生叶短缩茎上，叶片扁平带状，可分为宽叶和窄叶。叶片表面有蜡粉，气孔陷入角质层。

4. 花

锥形总苞包被的伞形花序，内有小花 20～30 朵。小花为两性花，花冠白色，花被片 6 片，雄蕊 6 枚。子房上位，异花授粉。

5. 种子

蒴果，子房 3 室，每室内有胚珠两枚。成熟种子黑色，盾形，千粒重为 4～6g。

三、对环境的要求

适应性强，抗寒耐热，南方不少地区可常年生产，北方冬季地上部分虽然枯死，地下部进入休眠，春天表土解冻后萌发生长。

1. 温度

韭菜性喜冷凉，耐寒也耐热，种子发芽适温为 12℃以上，生长温度 15～25℃，地下部能耐较低温度。

2. 光照

中等光照强度，耐阴性强。但光照过弱，光合产物积累少，分蘖少而细弱，产量低，易早衰；光照过强，温度过高，纤维多，品质差。

3. 水分

适宜的空气相对湿度 60%～70%，土壤湿度为田间最大持水量的 80%～90%。

4. 土壤

对土壤质地适应性强，适宜 pH 值为 5.5～6.5。需肥量大，耐肥能力强。

四、栽培技术要点

1. 品种

（1）品种选择。选用抗病虫、抗寒、耐热、分蘖力强、休眠期短，外观和内在品质好的品种。种子质量应符合 GB 8079 的要求。

（2）培育韭根。播种时间 4 月上旬。用种量每亩用种 4～5kg。种子处理可用干籽直播，也可用 40℃温水浸种 12h，除去秕籽和杂质，将种子上的黏液洗净后催芽。催芽将浸好的种子用湿布包好放在 15～20℃的条件下催芽，每天用清水冲洗 1～2 次，60%种子露白即可播种。

2. 播种地准备

前茬为非葱蒜类蔬菜。

整地施肥：基肥品种以优质有机肥为主。在中等肥力条件下，结合整地每亩撒施优质腐熟有机肥 5 000kg。

作畦：按栽培形式合理作畦，在畦内按行距 18～20cm，深 8～10cm 开沟。

3. 播种

（1）播种方法。播种顺沟浇水，水渗后，将种子混 2～3 倍沙子在沟内撒播或按穴距 8～10cm，每穴点播 8～10 粒种子，播后盖土 1.5～2cm。

（2）苗期管理。出苗前需 2～3d 浇 1 次水，保持土壤湿润。幼苗出土后，加强苗床管理是培养大苗壮苗的关键。在管理技术上掌握前期促苗，后期蹲苗的原则。从齐苗到苗高 16cm，7d 左右浇 1 次小水。高温雨季排水防涝。

4. 定植

6 月中旬定植，将韭苗起出，剪去须根先端，留 2～3cm 以促进新根发育。再将叶子先端剪去一段，以减少叶面蒸发，维持根系吸收与叶面蒸发的平衡。在畦内按行距 20～25cm，穴距 1cm，每穴栽苗 8～10 株，适于生产青韭；或按行距 30～36cm 开沟，沟深 16～20cm，穴距 16cm，每穴栽苗 20～30 株，适于生产软化韭菜，栽培深度以不埋住分蘖节为宜。

5. 水肥管理

当苗高 8～10cm 结合浇水每亩追施尿素 10kg。每次收割后，把韭茬挠 1 次，周边土锄松。

6. 收获

韭菜适于晴天清晨收割，收割时刀口距地面 2～4cm，以割口呈黄色为宜，割口应整齐一致。两次收割时间间隔应在 30d 左右。在当地韭菜凋萎前 50～60d 停止收割。

7. 施肥培土养根

3 刀后，当韭菜长到 10cm 时，顺韭菜沟培土高 2～3cm，苗壮的可在露地时收 1～2 刀，苗弱的，为养根不再收割。

8. 病害虫的防治

（1）物理防治。糖酒液诱杀：按糖、醋、酒水和 90% 敌百虫晶体 3：1：10：0.6 比例配成溶液，每亩放置 1～3 盒，随时添加，保持不干，诱杀种蝇类害虫。

（2）化学防治。韭蛆成虫盛发期，顺垄施 50% 辛硫磷 1 000 倍液，每亩撒施 500g 防治，也可用每亩 1.8%阿维菌素乳油 30～60mL 或 1.1%苦参碱粉剂 2～4kg 兑水 50～60kg 灌根。疫病发病初期用 75%百菌清可湿性粉剂 800 倍液喷雾防治 1 次，每亩用量 100g。锈病发病初期用 25%三唑酮可湿性粉剂 2 000 倍液喷雾防治 1 次，每亩用量 15g。

金针菇栽培技术

金针菇又名冬菇，隶属于伞菌目口蘑科火焰菌属或金钱菌属，是野生于秋末春初季节的一种小型伞菌。金针菇在自然界广为分布，中国、日本、俄罗斯以及欧洲、北美洲和澳大利亚等地均有分布。在我国北起黑龙江，南至云南，东起江苏，西至新疆的绝大部分地区均适合金针菇的生长。

金针菇性寒、味咸、滑润，有利肝脏、益肠胃、增智、抗癌等功效。人体必需的 8 种氨基酸含量丰富，占氨基酸总量的 44.5%，其中赖氨酸和精氨酸含量特别丰富，能增强儿童的智力发育，国外称之为增智菇。另外，金针菇中还含有朴菇素和活性多糖，对癌细胞有抑制作用。

金针菇栽培周期短、方法简便、成本低、原料来源广泛、经济效益高，既适合家庭种植，又可进行工厂化生产，是目前世界上产量仅次于平菇、双孢菇、香菇的第四大食用菌栽培种类。

一、生长发育条件

1. 营养

金针菇是一种木腐真菌，菌丝细胞能分解木材等有机物，从中获得碳源、氮源、无机盐和维生素等，以供其生长发育。但金针菇分解木材的能力比较弱，所以通常用熟料栽培，碳源主要是农作物秸秆和木材。氮源有麦麸、米糠、玉米粉、棉籽粕、豆饼粉等。无机盐有磷酸二氢钾、硫酸镁等，维生素有 B 族维生素、维生素 C 等。

2. 温度

金针菇属于低温结实性真菌，是当前大宗食用菌栽培品种中生长温度最低的品种。菌丝体生长的温度为 7～30℃，最适 23～24℃，温度过高或过低菌丝体生长都将受到限制。子实体形成温度为 5～20℃，最适为 6～12℃，其中黄色菌株为 8～12℃，白色菌株为 6～10℃。温度低时子实体分化慢，但子实体产生的数量多而细小。温度高于21℃子实体不易分化，并容易干枯，菌柄粗短，基部色泽变褐，绒毛增多，商品价值低。子实体发生后在4℃下短期抑制处理，可使金针菇发生整齐，菇形圆整。

3. 湿度

金针菇为喜湿性菌类。菌丝生长阶段培养料含水量以63%～65%为最适，高于70%培养料中氧气减少，菌丝生长缓慢，污染率也高；低于60%菌丝生长不良，子实体分化少，产量低。子实体形成阶段要求空间相对湿度为80%～95%，以85%～90%为最适。湿度低，幼小菇蕾易枯萎而停止生长；湿度过大，则易导致病虫害。

4. 空气

金针菇是好气性真菌，菌丝体生长阶段对氧气的需求量不大，但在子实体形成阶段需要足够的氧气。金针菇对二氧化碳较敏感，当二氧化碳浓度超过0.3%时，就会抑制菌盖的发育，达到0.5%时，子实体的形成和菌盖的发育就会受到严重抑制，但是较高浓度的二氧化碳会起到抑制菌盖生长而促进菌柄生长的作用，因此在人工栽培上利用这一特点，当子实体生长到一定时期，套上塑料袋减少氧气供应，适当增加二氧化碳浓度，人为地促使菌柄伸长，可达到优质高产的目的。

5. 光线

金针菇菌丝生长阶段不需要光线，在黑暗条件下，子实体原基也能分化形成，但微弱散射光能促进原基分化和促进子实体提早成熟。子实体具有向光性，对光线较敏感，黄色品种长期光照易形成深褐色。

6. 酸碱度

金针菇菌丝在pH值3～8.5均能生长，较适pH值4～7。子实体分化需要弱酸性培养基，最适pH值5～6。一般情况下，采用自然pH，加上有磷酸根离子和硫酸镁的培养基，菌丝生长就很旺盛。

二、原料要求

金针菇栽培使用的主料为杂木屑、棉籽壳、甘蔗渣、麸皮、玉米粉、米糠、水，辅料为石膏、轻质碳酸钙，材料有塑料薄膜，消毒材料有高锰酸钾、酒精等。

1. 杂木屑

（1）树种。主要应采用朴树、柿树、柳树、榆树、构树、桑树、槭树、枫树、枫杨、月桂、柳杉等树种的木屑。

（2）感官要求。木屑：颗粒粗细 5mm 以下，新鲜，干燥，色泽正常，无霉烂，无结块，无异味，无混入有害物质。棉籽壳：新鲜，干燥，无霉变，无结块，无混入有害物质。

2. 蔗渣

新鲜，干燥，无霉变，无结块，无混入有害物质。

3. 米糠

新鲜干燥，无霉烂，无杂质，无结块，无异味，色泽正常。

三、制袋培养

1. 栽培袋制作工艺流程

备料（各种原辅培养料、材料、工具等）→原辅料称重→主料预湿→干湿拌料→装袋→扎口或封口→清洁菌袋→灭菌→冷却→接种→菌丝培养管理。

2. 生产时间安排

（1）季节性栽培时间安排，见表 1。

表 1　季节性栽培时间安排表

栽培模式	制袋期	培养期	出菇期
畦式袋栽	10—11 月	10—12 月	12 月至翌年 3 月
层架袋栽	9—10 月	9—11 月	11 月至翌年 4 月

（2）工厂化栽培时间安排周年均可。

3. 技术要求

（1）基本配方。

①季节性栽培基本配方：木屑 78%，麦麸 20%，糖 1%，石膏或轻质碳酸钙 1%，含水量 60% 左右，pH 值 5.5～6.5；甘蔗渣 75%，麦麸 23%，石膏或轻质碳酸钙 2%，含水量 60%，pH 值 5.5～6.5；棉籽壳 75%，麦麸 23%，石膏或轻质碳酸钙 2%，含水量 60%，pH 值 5.5～6.5。

②周年工厂化栽培配方：棉籽壳 35%，甘蔗渣 30%，麦麸 30%，玉米粉 3.5%，碳酸钙 1.5%，含水量 60%，pH 值 5.5～6.5；木屑 74%，麦麸 25%，石膏 1%，含水量 60% 左右。

（2）装量。每袋（规格：17cm×35cm）填料湿重 0.8～1.0kg，含水

量60%。

（3）灭菌。

①常压灭菌：炉灶内料温达100℃后保持8～10h。

②高压灭菌：压力10.4×10^{5}Pa，温度127℃，灭菌时间1.5～2h。

③冷却：灭菌后的栽培袋移放到预先消毒的冷却室或接种室中，待冷却至30℃以下接种。

（4）接种。

①接种箱接种工艺流程：接种箱预消毒→装箱→消毒→接种（每箱只接同一品种）→培养。

②接种室接种工艺流程：接种室预消毒→菌种预处理→装入料袋、菌种、工具→接种→培养。

（5）菌丝培养管理。

①培养场所使用前应进行预先消毒。20℃左右的气温条件下，层架式培养室每1 000袋菌袋必须拥有5m^{2}以上的培养面积，25℃左右气温条件下，每1 000袋菌袋必须拥有10m^{2}以上的培养面积，并有辅助降温设备，采取有效地降温措施。

②培养条件：室温18～20℃，空气相对湿度60%～70%；适时、适量通风，避免直射光。

③菌袋培养时间：菌袋（规格：17cm×35cm）的菌丝培养时间为28～32d。

四、出菇管理

1. 季节性栽培出菇管理

（1）直生出菇管理工艺流程。栽培菌袋→去套环棉塞→拉直塑料袋→覆盖保湿→低温差刺激催蕾→通风控湿管理→子实体生长→采收。

（2）搔菌出菇管理工艺流程。栽培菌袋→去套环棉塞→搔菌→拉直塑料袋→覆盖保湿→低温差刺激催蕾→通风控湿管理→子实体生长→采收。

（3）条件控制。水分管理：全程保持空气相对湿度80%～90%。通气管理：适当通风。光线管理：保持光照度30～100lx。

2. 工厂化栽培出菇管理

（1）再生出菇管理工艺流程。栽培菌袋（已有原基）→去套环棉塞→割袋→立袋低温差刺激催蕾→通风控湿→须状原基萎缩→新原基产生→子实体生长→套袋→随子实体生长拉高袋口→采收。

（2）直生出菇管理工艺流程。菌袋（未长原基）→去套环棉塞→搔菌→拉直塑料袋→覆盖保湿→低温差刺激催蕾→通风控湿管理→套袋→随子实体生长拉高袋口→采收。

（3）条件控制。温度：菌丝生长阶段18～20℃，催蕾阶段6～8℃，抑制阶段3～4℃，子实体生长阶段14～16℃。湿度：室内相对湿度保持80%～85%。通风：根据不同生长阶段适量通风。光线：保持光照度30～40lx。

五、采收

1. 方法

采收时手握菇柄整丛拔出。

2. 采收后处理

（1）处理工艺：采收→鲜菇分拣→预冷（0～1℃）→排湿→分级→内包装→抽真空→入塑料筐→入库保鲜（4～6℃）。

（2）去掉菌柄基部的碎屑杂质，拣出伤、残、病菇，分拣后称重或归类堆放。移动时应小心轻放。

（3）鲜金针菇应及时放入4～6℃冷库保存。

黑木耳栽培技术

黑木耳又称木耳、细木耳，属木耳目、木耳科、木耳属。我国地域广阔，林木资源丰富，大部分地区气候温和，雨量充沛，是世界上黑木耳主要产地，主要产区是湖北、四川、贵州、河南、吉林、黑龙江、山东等省、自治区。黑木耳是我国传统的出口商品之一，世界年产量46.2万t，中国占40万t，年出口量占世界96%，居第一位。

黑木耳质地细嫩、滑脆爽口、味美清新、营养丰富，是一种可食、可药、可补的黑色保健食品，备受世人喜爱，被称之为"素中之荤、菜中之肉"。黑木耳不仅营养丰富，而且具有较高的药用价值。黑木耳味甘性平，自古有"益气不饥、润肺补脑、轻身强志、和血养颜"等功效，并能防治痔疮、痢疾、高血压、血管硬化、贫血、冠心病、产后虚弱等病症，它还具有清肺、洗涤胃肠的作用，是矿山、纺织工人良好的保健食品。近年来科学研究发现黑木耳多糖对癌细胞具有明显的抑制作用，并有增强人体生理活性的医疗保健功能。

一、生长发育条件

1. 营养条件

可选用的碳源主要包括锯木屑、棉籽壳、玉米芯、稻草等。可利用的氮源主要有尿素、稻糠、麦麸等。碳和氮的比例一般为20∶1，比例失调或氮源不足会影响黑木耳菌丝体的生长。另外，还需要添加石膏、过磷酸钙、磷酸二氢钾等满足黑木耳对无机盐的需要。

2. 温度

黑木耳属中温性真菌，具有耐寒怕热的特性。菌丝在4～32℃均能生长，最适22～26℃，在-30°的环境下也不会被冻死；高于30℃，菌丝体生长加快，但纤细、衰老加快。子实体15～32℃下能形成子实体，最适20～25℃。适宜范围内温度越低，生长发育越慢，但健壮，生命力强，子实体色深、肉厚、产量高、质量好。春秋两季温差大，气温在 10～25℃，适于黑木耳生长。

3. 水分

袋料培养基含水量 60%～65% 为好，湿度过低会显著影响后期产量；椴木栽培中，椴木含水量应在 35% 以上。尤其是在子实体发育期，空气相对湿度要求 90%～95%。低于 80% 子实体生长缓慢，低于 70% 不能形成子实体。

4. 光照

黑木耳是喜光性菌类，光对子实体的形成有诱导作用，在 400lx 以上的光照条件下，耳片是黑色的，且健壮、肥厚。但在菌丝培养阶段要求暗光环境，光线过强容易提前现耳。

5. 空气

黑木耳属好气性真菌，在生长发育过程中需要充足的氧气。

6. 酸碱度

黑木耳菌丝体生长的 pH 值 4～7，其中以 pH 值 5.5～6.5 酶的活性最适宜。但在袋料栽培中，培养基添加麦麸或米糠时，菌丝在生长发育中产生足量有机酸使培养基酸化，而这种酸化的环境适于霉菌生长，导致制袋污染率上升。为解决这个难题，从菌丝培养就开始进行抗碱性驯化，提高菌丝较高碱性培养基的适应能力，从而使霉菌受到抑制。

二、菌袋培养

培养室的环境要干燥、通风良好、周围洁净。在进菌袋前进行 1 次彻底的消毒，一般关闭门窗熏蒸 48h，再通风空置 48h。培养室湿度要保持在 60%～70%，不得>70%；否则容易产生杂菌，原则是宁干勿湿。养菌初期 5～7d 要保持培养室内温度 25～28℃。当菌丝长到栽培袋的 1/3 时，要控制室温不超过 28℃，最低不低于 18℃。在室内养菌 40～50d 后，当菌丝长到袋的 4/5 时，可以拿到室外准备出耳，同时创造低温条件（15～20℃），菌丝在低温和光线刺激下很易形成耳基。

三、出耳管理

搭设好耳床或耳棚。耳床的制作可根据地势和降水量做成地上床或地下床，以地面平床形式较好。做好耳床后，床面要慢慢地浇重水 1 次，使床面吃足吃透水分，同时对草苦消毒。耳棚在移入栽培袋前也要对地面（地面铺层石灰最好）和草帘子等进行消毒。

1. 菌袋划口

（1）划"V"形口用事先消毒好的刀片在栽培袋上划"V"形口，"V"形口角度是45°～60°，角的斜线长2～2.5cm。划口刺破培养料的深度一般为0.5～0.8cm。规格为17cm×33cm的菌袋可以划口2～3层，每个袋划8～12个口，分3排，每排4个，呈品字形排列。划口时应注意以下几个部位不要划口：没有木耳菌丝部位不划；袋料分离严重处不划；菌丝细弱处不划；原基过多处不划。

（2）划"一"字形口用灭过菌的刀片在袋的四周均匀地割6～8条"一"字形口，以满足黑木耳对氧和水分的要求，有效地促进耳芽形成。"一"字形口宽0.2cm、长5cm，实践证明出耳口宜窄，不宜宽。

划口后的栽培袋就可摆袋或吊袋，一般地栽每平方米可摆袋25袋。若吊挂栽培袋可用塑料绳吊袋，每串间距20cm，袋与袋间距≥10cm，一条绳上可吊10袋左右，每行间距40cm。

2. 催芽管理

根据不同的气候条件，选择不同的催芽方式。

（1）室外集中催芽在春季气候干燥、气温低、风沙大的季节栽培黑木耳时，为使原基迅速形成，应采取室外集中催耳的方法，待耳芽形成之后再分床进行出耳管理。

（2）室外直接摆袋催芽适用于低洼地块或林间，按照室外集中催耳方法将耳床处理好，床面覆盖有带孔的塑料薄膜，也可用稻草、单层编织袋等覆盖，防止后期喷水时泥沙溅到耳片上。

（3）室内集中催芽为避免室外气温、环境的剧烈变化，菌袋划口后可采取室内或大棚催芽。室内催芽易于调节温、湿度，保持较为稳定的催芽环境，菌丝愈合快、出牙齐，比较适合春季温度低、风大干燥的地区。

四、采收及晾晒

黑木耳从分床到完全成熟采收，需30～40d的时间。黑木耳达到生理成熟后耳片不再生长，要及时采收。如果采收过晚，耳片就会散放孢子，损失一部分营养物质，生产的耳片薄、色泽差，还会使重量减轻；而且如果遇到连阴雨还会发生流耳现象，造成丰产不丰收。

（1）采收标准：黑木耳初生耳芽成杯状，以后逐渐展开。正在生长中的子实体褐色，耳片内卷，富有弹性。当耳片随着生长向外延伸，逐渐舒展，根收缩，耳片色泽转淡，肉质肥软，说明耳片接近成熟或已成熟，应及时采收。

（2）采收方法：采耳前1～2d应停水，并加强通风，让阳光直接照射栽培袋和木耳，待木耳朵片收缩发干时采收。采收应在晴天上午进行。

（3）晾晒：晾晒影响到黑木耳产品的外观形态。一般将采下的每朵木耳顺耳片形态撕成单片，置于架式晾晒纱网上，靠日光自然晾晒，在晒床上堆放稍密，待干至成型前不要翻动，以免耳片破碎或卷朵，影响感官质量。黑木耳品质不同，晾晒时间不同，为2～4d。如果木耳片厚，则晾晒时间长；如果木耳片薄，则晾晒时间短一些。

晾干的木耳要及时装袋并于低温干燥处保存，防治变质或被害虫蛀食造成损失。

五、采后管理

正常情况下，黑木耳可采3批耳，分别占总产量的70%、20%和10%左右。转茬耳的管理技术要点：一是采收后的耳床要清理干净，进行1次全面消毒。清理耳根和表层老化菌丝，促使新菌丝再生；二是将菌袋晾晒1～2d，使菌袋和耳穴干燥，防止感染杂菌；三是盖好草帘，停水5～7d，使菌丝休养生息，恢复生长。待耳芽长出后，再按一茬耳的方法进行管理。

平菇栽培技术

　　平菇又称侧耳，在生物学分类中属伞菌目口蘑科侧耳属，是目前世界上人工栽培面积最大的食用菌之一，主产国有中国、日本、意大利。

　　平菇肉质肥嫩、味道鲜美、营养丰富，是高蛋白、低脂肪的高档蔬菜之一。据分析，平菇粗蛋白含量在干品中高达 30.5%，并含有人体所需要的 17 种氨基酸。近年来的研究表明，平菇还含有平菇素和酸性多糖等生理活性物质，长期食用，对癌细胞有显著抑制作用，并可预防高血压、心血管病、糖尿病等。

　　平菇适应性强，栽培原料来源广，栽培技术简单，生长快，成本低，产量高。平菇的生物学转化率可以达到 150%。平菇在我国分布广，全国各省、自治区、直辖市都有栽培。山东省平菇产量由 20 世纪 80 年代初期的年产 1 万 t，到 2012 年年产 152 万 t，占全省食用菌总产量的 41.5%，成为山东省第一大食用菌栽培种类。

一、生长发育条件

1. 营养

平菇生长需要碳源、氮源、无机盐等。几乎所有的植物性物质都能作为栽培平菇原料，如棉籽壳、各种作物秸秆、木屑、糠醛渣等。另加入米糠、树皮、豆饼粉等富含氮的有机物。

2. 温度

平菇属变温结实性菌类，即子实体形成需要温差刺激。菌丝生长温度 6～35℃，最适温度 20～27℃。子实体形成的温度因品种不同而有所差异。低温型品种子实体形成温度 4～25℃，适温 10～18℃；中温型品种子实体形成温度 5～28℃，适温 15～25℃；高温型子实体形成温度 16～37℃，适温 24～28℃；广温型品种子实体形成温度 4～35℃，最适温度 12～26℃。保持 10℃以上的温差，能加速菇蕾形成，维持恒温，子实体难以形成。但有些品种如凤尾菇，即使恒温下，也能产生菇蕾。子实体生长阶段，在适宜温度范围内，生长发育快、个大，温度低则生长慢、肉质厚。

3. 水分和湿度

平菇是耐湿性菌类。菌丝生长阶段，培养料的含水量以 60%～70% 比较合适。一般料水比 1：（1.2～1.8）。含水量过大，基质透气不良，菌丝呼吸、代谢作用受阻，菌丝长势慢、弱，且易遭杂菌污染。含水量太低也不利菌丝生长。子实体发育期对空气相对湿度的要求比较严格，最适相对湿度是 85%～90%。相对湿度在 40%～50% 时，幼菇很快干枯；55% 时生长慢；超过 95% 时菇丛虽大，但菌盖薄，易腐烂，并易感染杂菌。

4. 光线

平菇菌丝体生长阶段不需要光线，有光生长慢。子实体的分化和发育必须有散射光，黑暗不能形成子实体。直射光不利于子实体的形成和生长。研究证明，蓝色光对子实体形成有促进作用。光照度 180～220lx，平菇产量随光照度的增加而提高。

5. 空气

平菇是好气性真菌，其菌丝体阶段，可以在通气不良的半兼气条件下生长。但子实体形成阶段必须在通气良好的条件下发育。通气不畅，就不能形成子实体；通气条件差时，只形成菌蕾，不长菇或菌柄基部粗，上部细长，菌盖薄小，有瘤状凸起，畸形，严重时造成窒息死亡。所以注意通风，但不宜直接吹在菇体上，防止因蒸发太快而影响子实体生长。

6. pH 值

平菇同其他真菌一样，喜欢在微酸性基质中生长，适宜 pH 值 5～6.5，有一定耐碱性。由于培养料在灭菌或堆积发酵过程中，pH 值有下降趋势，配料时可适当偏碱些，一般 pH 值 8 左右。

二、栽培技术

棉籽壳和玉米芯均可采用发酵料栽培。播期必须掌握秋季 8—11 月进行，最佳黄金播种期为秋季 9—10 月，其余时间我们不提倡播种，否则，播种成功率会大大降低。

1. 生产配方

（1）棉籽壳 100kg，复合肥 1kg，石灰粉 2kg。

（2）玉米芯 85kg，麸皮 10kg，玉米面 5kg，尿素 0.2kg，复合肥 1kg，石灰 3kg。

2. 发酵处理

先将辅料混匀加入棉籽壳或玉米芯中，再用清水调湿，不易吸湿的原料，如复合肥，应事先单独浸泡或压成粉状加入，培养料经调湿拌匀后，便可建堆。

料堆一般建成宽 1.2～1.5m、高 0.8～1.2m、长度不限的长堆。建堆时，料堆四周要轻轻拍实，堆边呈墙式垂直状或略有倾斜，以不塌料为准，堆顶拱起呈龟背形。料堆建好后，用直径 5cm 的木棒先在料堆顶部垂直向下打 1～2 行透气孔，再在料堆两侧的中部和下部各横向斜打一行透气孔，间距 30cm 左右，孔道深度要分别到达料堆底部和料堆中心部位，随后在料堆中插入长柄温度计，再用草帘、麻包、蛇皮带等能透气的覆盖物将料堆覆盖好。料堆覆盖后，根据气温高低，2～3d，在距表层 25cm 左右深处，料温升到 55～60℃ 时开始计时，维持 8～12h 后，进行第 1 次翻堆。翻堆后，重新建堆，打气孔和覆盖的要求，与初建堆时基本相同，当料堆温度再次升到 55～60℃ 时，仍保持 8～12h 后，进行第 2 次翻堆，并重新建好料堆。平菇培养料堆积发酵，一般需要翻堆 3 次，堆期依气温不同 5～7d，当培养料色泽均匀转深，质地变得柔软，料内出现较多白色防线菌，闻不到氨、臭、酸味时，便可拆堆终止发酵。摊开料堆后，等料温降到 30℃ 左右时，就可装袋播种。

发酵过程注意事项：一是气温对发酵过程的影响很大，当气温在 20℃ 以上时最有利于发酵；若气温低，发酵时间要延长，应特别注意保温。二是培养料的含水量对发酵过程和质量有很大影响，当水分高于 70% 以上，培养料会发黏、发臭或腐败变酸，料温上升缓慢；当水分低于 50% 时，会出现烧堆的冒烟现象，出现以上情况时，要马上散堆调节水分后再重新建堆。三是培养料发酵期间，不要让太阳直射和雨淋。四是堆的形状大小也影响发酵过程，一般堆积发酵一堆不能少于 250kg 培养料，最好能达到 5 000kg 左右或更多一些。堆的形状以梯形长堆为好。料多时增加堆的长度，这样建堆可以保持堆内外差别小，发酵比较均匀。

调整发酵料的水分：将发酵前的水分掌握在培养料有水渗出且有 3～4 滴为宜，发酵后装袋的水分应掌握在用手紧握培养料手指间有水印但无水渗出为宜。

三、菌袋制作

1. 品种的合理选择

春夏、晚秋、冬季半生料或发酵料袋栽不易播种时期以选用熟料方式较为理想。以华东地区为例，夏季出菇品种应选择高温型品种，早秋及春季出菇品种应选择广温偏高型菌株，秋冬出菇应选择广温偏低型菌株。

2. 栽培配方

（1）棉籽壳 95kg、麸皮 5kg、石灰 3kg。

（2）玉米芯 85kg、麸皮 10kg、复合肥 1kg、石灰 3kg。

3. 菌种的准备

平菇的菌种分为母种、原种和栽培种，母种菌龄为 7～8d，棉籽壳原种菌龄为 25～30d，棉籽壳栽培种菌龄为 20～25d，料袋播种后从播种至出菇为 30～35d，出菇周期（即头潮—尾潮）为 3～6 个月。因此，在栽培之前，菇农应推算时间掌握时机，适时制种。

4. 菌袋规格的选择

一般夏季、早秋应选用（20～22）cm×40cm 为宜，中秋及晚秋选用（22～25）cm×45cm 为适宜，料袋大，营养足，出菇期长。

拌料按照选定的培养基配方比例称取原料和清水，因为玉米芯或棉籽壳较难吸水，开始拌料时，水分适当大一些，混合搅拌匀，堆闷 12～18h 使其充分吸水，含水量达到手握培养料有水渗出但不下滴为宜。

四、发菌管理

发菌期间将温度保持在 23～28℃，适当通风。熟料菌袋发菌管理的技术关键是，合理排放堆码菌袋，适时进行倒袋翻堆和通气增氧，控制好发菌温度和环境温度等。熟料菌袋的料温变幅较小，菌袋温度的变化主要受环境温度影响，为了能合理控制发菌温度，菌袋的排放形式一定要根据环境温度来定，当气温在 20～26℃时，菌袋可采用井字形堆码，堆高 5～8 层菌袋；当气温上升到 28℃以上时，堆高要降到 2～4 层，同时要加强培养环境的通风换气。盛夏季节，当气温超过 30℃时，菌袋必须贴地单层平铺散放，发菌场地要加强遮阴，加大通风散热的力度，必要时可泼洒凉水促使降温，将料袋内部温度严格控制在 33℃以下。

正常情况下，采用堆积集中式发菌的菌袋。每7～10d要倒袋翻堆1次。若袋堆内温度上升过快，则应及时提早倒袋翻堆。翻堆时，应调换上、下、内、外菌袋的位置，以调节袋内温度与袋料湿度，改善袋内水分分布状况和袋间受压透气状况，促进菌丝均衡生长。同时，可根据气温和料温的变化趋势，调整菌袋的加排放密度和堆码高度。

五、出菇期管理

当栽培袋刚有菇蕾出现时就进入出菇管理。

1. 第1茬菇管理

首先解开栽培袋的扎绳，将栽培袋两端的塑料膜卷起，露出料面。将栽培袋放在棚内的地面上，根据宽度不同，可放2～4行，四周及行间留60cm左右的走道。每行栽培袋的高度不要超过1.5m，每行排列2m左右时筑一砖垛，以防栽培袋排放过长而倒塌。

出菇阶段要求的温度可根据所选品种的温型需要控制。假若温度过低，可覆盖加厚草苫和双层塑料膜；如果气温过高，可在塑料棚顶部盖一层草苫，然后喷水降温，同时把门窗、通风口关闭，以防热气流进入，晚间再将门窗、通风口打开。出菇阶段的空气相对湿度为85%～90%，一定要在菇棚内挂上干湿度计，以观察温度、湿度的变化，不要单凭经验判断。珊瑚期一般不直接向菇体上喷水，只向空间、四壁、地面喷水，就能满足生长需要。幼菇期若空气湿度低于85%，可增加喷水次数，并向料堆、料面、菇体直接喷水，每次喷水不要太多，但要勤喷。大棚内的光照可以满足子实体生长发育的需要。通风管理可开闭通风口及掀动塑料膜进行调节。冬季应利用中午气温高时通风。当子实体进入成熟期，还没有弹射孢子时即可采收。第1茬菇采收后，清理干净料面，扎好栽培袋两端薄膜或用大块塑料膜将栽培袋整行覆盖，同时把空气湿度降至70%，以促进菌丝再生。

2. 第2茬菇管理

大棚栽培平菇，保湿性比较好，一般第1茬菇不需向料内补水就可正常出菇。第2茬出菇时，由于袋内失水，水又喷不进去，就应采取补水措施。第一种方法是用专用的补水器进行补水，即用补水器插入菌袋，打开自来水或是水泵进行补水，控制补水时间，以免胀袋。补水后进行适当通风、菌丝恢复和温差刺激，几天后会长出第2茬菇。第二种方法是脱去栽培袋的部分塑料膜，覆湿土栽培管理。土的含水量达到手握成团，触之能散的程度即可。然后覆盖塑料膜密封 1 天，以杀死土中的杂菌和害虫。消毒后的土摊晾，使药物挥发，再喷洒适量的营养液，掺匀后备用。一般大棚采用双摞覆土法。首先将清理干净的栽培袋用刀把 3/4 的塑料膜割除，余下的 1/4 留在栽培袋上，以防泥土粘污子实体，降低菇的商品价值。然后把栽培袋脱掉塑料膜部分两两相对放在 15cm 高、60cm 宽的土台上（行距、走道可参照第 1 茬菇栽培袋的排放），带塑料袋的一头朝外，袋与袋留 2cm 空隙，两摞间距 10cm。1 层双摞排好后，覆 1 层 2cm 左右的营养土。秋季栽培袋排放 2～3 层，冬季栽培袋可排放 5～8 层。最后在顶部做槽，以便浇水。然后按第 1 茬菇管理方法进行催蕾、子实体生长管理，直到采收。

一般管理比较到位的平菇能够出菇 4～6 茬。

六、采收

平菇成熟的标准是菌盖边缘由内卷转向平展，此时，菇单丛重量达到最大值，生理成熟也最高，售价也高。平菇成熟后，要及时采收。采收后，应将袋口残留菇根、死根等清除干净，接着进入转潮期管理。

日光温室草菇栽培技术

草菇又名兰花菇、苞脚菇，起源于广东韶关的南华寺，是一种重要的热带亚热带菇类，是世界上第三大栽培食用菌。我国草菇产量居世界之首，主要分布于华南地区。

草菇肉质脆嫩，味道鲜美，菇汤如奶，营养价值很高，是宴席珍品。含有较多的鲜味物质——谷氨酸和各种糖类，使草菇具有独特鲜味。性寒凉，味甘，微咸，无毒；有补脾益气、清热解暑、抗坏血症、加速伤口和创伤愈合等功效；草菇还能消食祛热，补脾益气，滋阴壮阳，增加乳汁，防止维生素 C 缺乏症，促进创伤愈合，护肝健胃，增强人体免疫力，是优良的食药兼用型的营养保健食品。

一、栽培季节安排

草菇一般 6 月上旬泡料，泡料 10d，中旬进棚，进棚后接种，7 月上旬开始出菇。

二、栽培场所

各种日光温室均可以，棚顶覆盖无滴膜，上覆保温被。

三、品种选择

选择适应性强、优质、稳产的菌种。菌种的好坏直接关系到栽培的成败。要在信誉好、技术力量雄厚、设施设备较为完善、有品种选育及实验栽培基地的正规科研单位、菌种厂引进菌种，每亩用种约 750kg。

四、栽培技术

1. 棚体处理

日光温室蔬菜收获后，将秸秆、残渣清理干净并消毒，亩使用 $10\sim15m^3$ 鸡粪，用阿维菌素和菊酯类杀虫剂进行杀虫杀螨，闷堆处理后均匀撒入棚内，对土地进行耕翻、细耙，深度 $25\sim30cm$，达到地面平整，扣膜密封高温 $70\sim75℃$ 闷棚 $7\sim10d$。

2. 配方

以每亩棚用料，玉米芯 $5\ 000kg$、鸡粪 $10\sim15m^3$、石灰 $2\ 250\sim2\ 500kg$、磷酸二铵 $50kg$、麸皮 $100kg$。

3. 铺料前准备

铺料前 1 天进行通风，将棚内温度降至 $30\sim35℃$，均匀撒施 $50kg$ 磷酸二铵，旋耕 1 次，保证土壤的含水量，土壤含水量 $60\%\sim65\%$（手抓成饼，手松散开），覆盖保温被进行遮阴。

4. 铺料播种

浸泡好的玉米芯从浸泡池中捞出来直接运到棚内，设畦床每平方米约 $25kg$ 干料，畦床南北走向，宽 $0.8m$ 左右，畦间距 $0.6\sim0.7m$，南边留 $30cm$ 畦面不放料，通风时空气湿度有个缓冲，料面整成龟背形，最高处 $20\sim30cm$（低温时厚料，高温时薄料）。在料面上撒 1 层拌好辛硫磷乳油的麸皮，然后在料面上喷 1 次透水，把 80% 的菌种均匀播种在料面上，适当整平压实，立刻覆盖白色地膜保温保湿。

5. 浇水覆土

播种后，密切关注发菌情况，次日菌种如能吃料，向畦间浇透水（距地面 $15cm$ 深处成泥状）。第 3 日揭膜覆土，厚度 $2cm$ 左右，把剩下的 20% 菌种均匀撒在土面上，再次把薄膜盖上。

6. 发菌管理

草菇是高温菌，菌丝生长最适温度 $35℃$ 左右，此阶段以温度管理为主，同时配合通风和湿度管理。播种后大棚密闭，棚内温度保持在 $32\sim36℃$，湿度 85% 以上，料温应控制在 $39℃$ 以下。播种 $3\sim5d$，菌丝迅速生长、大量繁殖，每天掀膜 2 次增加氧气。料温达 $37\sim38℃$ 要揭膜通风，使温度降低，谨防烧菌。播种后 $5\sim7d$，揭去薄膜，上层有菌丝冒出，棚内开始适量通风，同时加强光照，刺激菇蕾形成，床面菌丝过旺可喷洒结菇重水，加大通风，促使菇蕾形成。

7. 出菇管理

播种后 6～7d，床面开始有菇蕾扭结，掌握棚内温、湿、光、气的全面平衡，以促使子实体的发育和生长。棚温尽量保持在 28～33℃，料温要保持在 33℃以上，高于 40℃易造成菇蕾死亡，低于 30℃则停止生长；空气湿度保持在 90%～95%，出菇期间尽量不向菇床喷水，补水可向走道灌水；草菇是好气型真菌，所以出菇阶段每天需通风几小时，及时补充新鲜空气，特别是出菇高峰，一定要大通风；子实体生长发育阶段需要一定的散射光。

8. 采收

播种后 13～15d，当草菇长至蛋形期且即将伸长时采摘最为合适。采摘时，单生菇体只要用手捏住菇体轻轻扭转提起即采下；丛生菇体则等大部分进入伸长期时连片采下，若只有个别菇体需采收，用刀轻轻采下，不要碰损其他小菇。一般每天采收 2 次。

蛹虫草栽培技术

蛹虫草为子囊菌门肉座目麦角菌科虫草属的模式种。学名为 *Cordyceps militaris*（L. ex Fr.）Link. 蛹虫草，又叫北冬虫夏草、北虫草，简称蛹草，一般把活体虫蛹培养的北虫草称为蛹虫草，两者是同种真菌，但在营养成分上含量相差较大。

蛹虫草世界性分布，天然资源数量很少。1950 年，德国科学家 Cunningham 观察到被蛹虫草寄生的昆虫组织不易腐烂，进而从中分离出一种抗菌性物质，3′-脱氧腺苷，定名为虫草素。蛹虫草，多感染鳞翅目昆虫的蛹，是由子座（即草部分，又称子实体）与菌核（即昆虫的尸体部分）两部分组成的复合体，简单来说，就是虫体与草的结合。

中医认为，既能补肺阴，又能补肾阳，主治肾虚、阳痿遗精、腰膝酸痛、病后虚弱、久咳虚弱、劳咳痰血、自汗盗汗等，是一种能同时平衡、调节阴阳的中药。

一、形态特征

1. 概述
蛹虫草子座单生或数个一起从寄生蛹体的头部或节部长出，颜色为橘黄或橘红色，全长 2～8cm，蛹体颜色为紫色，长 1.5～2cm。

2. 菌丝体
蛹虫草是一种子囊菌，通过异宗配合进行有性生殖。其无性型为蛹草拟青霉。其子实体成熟后可形成子囊孢子（繁殖单位），孢子散发后随风传播，孢子落在适宜的虫体上，便开始萌发形成菌丝体。菌丝体一面不断地发育，一面开始向虫体内蔓延，于是蛹虫就会被真菌感染，分解蛹体内的组织，以蛹体内的营养作为其生长发育的物质和能量来源，最后将蛹体内部完全分解。

3. 子实体
一般当蛹虫草的菌丝把蛹体内的各种组织和器官分解完毕后，菌丝体发育也进入了一个新的阶段，形成橘黄色或橘红色的顶部略膨大的呈棒状的子座（子实体）。

二、环境条件

1. 营养

碳源：是蛹虫草合成碳水化合物和氨基酸的基础，也是重要的能量来源。人工栽培时，蛹虫草可利用的碳源有葡萄糖、蔗糖、麦芽糖、淀粉、果胶等，其中尤以葡萄糖、蔗糖等小分子糖类的利用效果最好。

氮源：氮元素是蛹虫草自身合成的蛋白质、核酸等有机氮以及铵盐等无机氮。能利用的有机氮很多，如氨基酸、蛋白胨、豆饼粉、蚕蛹粉等；无机氮主要有氯化铵、硝酸钠、磷酸氢二铵等。有机氮的利用效果最好。

矿质元素：以磷、钾、钙、镁等为主要元素。一般通过添加无机盐类来满足蛹虫草对矿质元素的需求。

维生素：虫草菌丝不能合成必要的维生素，适当加入维生素 B_1 有利于菌丝的生长发育。

2. 温度

在虫草的不同生长发育阶段都有最适温度、最低温度和最高温度的界限。菌丝生长温度6～30℃，低于6℃极少生长，高于30℃停止生长，甚至死亡。最适生长温度为18～22℃。子实体生长温度为10～25℃，最适生产温度为20～23℃。原基分化时需较大温差刺激，一般应保持5～10℃温差。

3. 水分和湿度

水分是蛹虫草菌体细胞的重要组成部分。菌丝生长阶段，培养基含水量保持在60%～65%，空气相对湿度保持在60%～70%；子实体生长阶段，培养基含水量要达到65%～70%，空气相对湿度保持在80%～90%。要注意培养基适时补水和补充营养液。

4. 空气

蛹虫草需要少量空气。但在子实体发生期要适当通风，增加新鲜空气。否则，二氧化碳积累过多，子座不能正常分化，影响生长发育。

5. 光照

孢子萌发和菌丝生长阶段不需要光照，应保持黑暗环境。转化到生殖生长阶段需要明亮的散射光，光照度为100～240lx。光照强，菌丝色泽深，质量好，产量高。

6. 酸碱度

蛹虫草为偏酸性真菌，其菌丝生长发育最适 pH 值为 5.2～6.8。但在灭菌和培养过程中 pH 值要下降。所以在配制培养基时，应调高 pH 值 1～1.5，在配制培养基时可加 0.1%～0.2%的磷酸二氢钾或磷酸氢二钾等缓冲物质。

三、栽培技术要点

1. 栽培季节

鲁南地区在自然气温下一年可栽培二季，春季 3—6 月，秋季 9—11 月。菇房冬季通过蒸汽管道连接散热片加温，夏季用空调降温后可实现周年栽培。

2. 栽培设施

蛹虫草栽培过程对温度控制较为严格，为有效控温、规模化周年生产，一般采用室内床架立体栽培。菇房要求环境清洁，通风良好，房顶、床架内部、侧面配置相应日光灯。床架材料用铁质、木质均可，要求结实坚固，易于搬运、清洗消毒。

3. 栽培菌种

（1）选择优良菌种。菌种质量直接影响蛹虫草的产量和品质，是蛹虫草栽培成功重要因素之一，母种容易发生变异和退化。初次种植时可向专业科研单位或生产企业购买。规模生产时一般通过孢子分离和组织分离等手段对菌种提纯复壮，经出草试验后用于生产。优良蛹虫草菌种特征为：菌丝白色，粗壮浓密，呈匍匐状紧贴培养基生长，边缘整齐，无明显绒毛状白色气生菌丝，后期分泌黄色色素，菌丝见光后变为橘黄色。

（2）液体菌种制作。

①培养基配方：马铃薯 200g，葡萄糖 10g，奶粉 5g，蚕蛹粉 1g，磷酸二氢钾 1g，硫酸镁 1g，柠檬酸三胺 1g，水 1L，pH 值 7.5～8.0。

②培养基制作：将马铃薯切片后煮沸，小火煮 20～30min 后过滤。在马铃薯营养液中加入上述辅助原料充分溶解后分装入三角瓶中（1L 三角瓶装 700mL 溶液）。常规灭菌，冷却后，在接种箱中接入试管母种。用养鱼用的增氧机作为通气装置进行通气培养。接种后开始 2d 不通气，静置培养，每天摇动三角瓶 2～3 次，第 3 天后开始通气培养，通气逐步增大。培养温度控制在 22～24℃，经过 7～8d，停止培养，经检查无污染后用于生产。

4. 室内栽培技术

（1）栽培瓶制作。培养液配方：葡萄糖 8g，磷酸二氢钾 0.8g，天门冬氨酸 0.8g，硫酸镁 1g，柠檬酸三胺 0.8g，蛋白胨 16g，B 族维生素少量，水 1L，pH 值自然，挑选粒大，无霉变和虫蛀的优质干蚕蛹 45g，营养液 36mL，装入广口罐头瓶中（干蚕蛹：营养液＝1：0.8），用双层高压聚丙烯薄膜封口，橡皮筋扎紧。灭菌：采用常压灭菌锅进行常压灭菌 100℃，维持 4～5h。接种：待温度降至 25℃时搬入接种箱内，按无菌操作要求，用消过毒的微型喷雾器将液体菌种均匀喷洒在蚕蛹身上。每瓶接液体菌 3～5mL，接种后，立即封严瓶口。

（2）菌丝培养。接种后将栽培瓶立即搬入事先消毒过的培养室内。按 55～60 瓶/m^2 逐一排放在床架上发菌。

菌丝培养阶段管理注意以下 4 个方面。

①温度：前 3d，发菌温度适当低些，控制在 18～20℃，3d 后将温度调整在 23～24℃，不要超过 25℃，超过 25℃不易形成子座。

②光线：应避光栽培，光线黑暗菌丝发育较快，完全黑暗也能正常生长。强光会使生长缓慢，过早进入生殖生长（子实体生长）阶段，影响产量和质量。

③湿度：由于采用液体菌种接种，发菌时间短，瓶内湿度已满足菌丝生长，如空间湿度过低，在地面适当喷水即可，整个发菌期室内相对湿度控制在 60%～70%。

④通风：这一阶段无须通风，但当室内温度过高，湿度过大可利用通风降温、排湿。经过 12d 左右，菌丝满瓶，继续培养 3d，当菌丝长得浓茂密集，表面菌丝出现鼓包突起，营养生长完成，进行转色催蕾管理。

（3）转色催蕾管理。转色催蕾阶段在蛹虫草栽培过程中相当重要。转色期过长，将产生大量气生菌丝，形成菌皮，严重影响产量和品质，这一阶段主要做好以下 4 个方面工作。

①温度：白天温度控制在 20℃，夜里控制在 15℃，每天保持 5℃温差刺激。转色阶段温度不得低于 14℃，否则不能形成子实体。

②光照：每天光照 12h 左右，光照度以 200lx 左右为宜，白天充分利用自然散射光，晚上用日光灯补光。

③湿度：室内空气相对湿度控制在 65% 左右。

④通风：适当通风换气 2d 1 次，每次 30min。经过上述管理，3d 后菌丝开始转色，6～7d 后，菌丝全部转为橘黄色。将瓶内培养物挖出，用镊子将菌丝连接的蛹块轻轻分开。放入灭过菌的罐头瓶内，用聚乙烯薄膜封口进入催蕾阶段，催蕾时，温度、光照、湿度、通风等管理同转色期管理，经过 5～6d 蛹

体表面陆续出现米粒状原基突起并逐渐分化成菌蕾时，进入出草管理阶段。

（4）出草管理。

①温度：室内温度控制在 20～25℃，防止 25℃以上高温和 15℃以下低温。温度过高草易老化，草短，产量低。温度过低不利于实体生长。

②光线：原基分化完成后，需将光照时间缩短至自然光照长度，保持料面受光强度均匀，以免子实体在瓶内弯卷生长，充分利用自然漫射光，不足部分可用日光灯补充。

③湿度：出草初期将湿度控制在 80%左右，待子实体长度达到 0.5cm 以上时候，定期向空间地面喷水增湿，将空气相对湿度增大到 95%，子实体长出 1cm 时，及时向瓶内用消过毒的微型喷雾器加入 2～3mL 无菌水。

④通风：定期适当通风，当虫草子实体长到 2～3cm 时，用粗针在封口薄膜上扎 5～6 个孔。

5. 采收加工

从接种到采收一般需 60d，栽培时间较以大米培养基培养虫草长 15～20d，当子实体长度达到 3～8cm，顶端出现黄色粉末状物应及时采收。采收时将子实体和蛹体一同挖出。及时于 30～40℃低温下烘干。分级整理后装入塑料袋中密封，置于低温、干燥、通风的黑暗处储存。

参 考 文 献

国淑梅，牛贞福，2019. 食用菌高效栽培关键技术 ［M］. 北京：机械工业
　　出版社.

马利允，王开云，2014. 设施蔬菜栽培技术 ［M］. 北京：中国农业科学技
　　术出版社.

王迪轩，2019. 现代蔬菜栽培技术手册 ［M］. 北京：化学工业出版社.

周俊国，2018. 蔬菜实用栽培技术指南 ［M］. 北京：中国科学技术出版社.